全国现代学徒制工作专家指导委员会指导

汽车车身外板件修复技术

主　审　叶建华
主　编　商克森　庄永成　虞金松
副主编　潘少龙　马　波　刘　宁
编　者　（按姓氏拼音排序）

高　洋（淄博普来瑞电器有限公司）　　王　峰（淄博市技师学院）
李书茂（鲁南技师学院）　　　　　　　王瑜芹（淄博理工学校）
刘　宁（山东交通职业学院）　　　　　吴芷红（山东省汽车维修与检测行业协会）
卢建平（山东水利技师学院）　　　　　解鸿翔（鲁南技师学院）
马　波（上海市杨浦职业技术学校）　　薛文美（淄博理工学校）
孟祥生（淄博市工业学校）　　　　　　于春宝（淄博市工业学校）
潘少龙（淄博普来瑞电器有限公司）　　于红梅（淄博市技师学院）
庞　亮（淄博理工学校）　　　　　　　虞金松（杭州技师学院）
商克森（山东交通职业学院）　　　　　昃　珂（淄博普来瑞电器有限公司）
石运才（鲁南技师学院）　　　　　　　张　峻（山东水利技师学院）
孙士君（淄博普来瑞电器有限公司）　　张立荣（淄博职业学院）
陶　军（济宁市技师学院）　　　　　　庄永成（日照市技师学院）

復旦大學出版社

内容简介

  本教材是汽车专业校企双元育人新型活页式系列教材之一，由多家职业院校和企业参与、校企"双导师"深度合作编写。本教材以立德树人为本，在学习任务中广泛植入课程思政元素，遵循职业教育教学和人才成长规律，符合学生认知特点及从业人员职业能力养成规律、岗位技能的习得规律。内容由浅入深，以工作过程为导向，按照项目式教学的要求组织内容，选取企业工作岗位的典型工作内容，对接"1+X"相关职业资格证书考试和各类技能竞赛相关标准的知识点和技能点要求。

  本教材根据汽车车身外板件修复的工作过程，选取了修复前翼子板、修复车门、修复保险杠3个最常见项目；每个项目包含若干学习任务，主要内容包含了维修工作流程、安全防护和操作规范、相关设备、工具和材料的选择和使用方法、维修工艺和修复方法、质量检验和评价方法、常见问题和解决方法等；针对操作性强的技术点配套制作了教学短视频等数字教学资源，部分在书上二维码呈现。本教材适用于职业院校汽车相关专业、社会和企业员工培训学习汽车钣金维修技术使用，也可作为车身修复的实训指导用书。

  本教材配有相关教学课件、习题等，欢迎教师完整填写学校信息来函免费获取。邮箱：xdxtzfudan@163.com

序　言

　　党的十九大要求完善职业教育和培训体系,深化产教融合、校企合作。自2019年1月以来,党中央、国务院先后出台了《国家职业教育改革实施方案》(简称"职教20条")、《中国教育现代化2035》《关于加快推进教育现代化实施方案(2018—2022年)》等引领职业教育发展的纲领性文件,为职业教育的发展指明道路和方向,标志着职业教育进入新的发展阶段。职业教育作为一种教育类型,与普通教育具有同等重要地位,基于产教深度融合、校企合作人才培养模式下的教师、教材、教法"三教"改革,是进一步推动职业教育发展,全面提升人才培养质量的基础。

　　随着智能制造技术的快速发展,大数据、云计算、物联网的应用越来越广泛,原来的知识体系需要变革。如何实现职业教育教材内容和形式的创新,以适应职业教育转型升级的需要,是一个值得研究的重要问题。国家职业教育教材"十三五"规划提出遵循"创新、协调、绿色、共享、开放"的发展理念,全面提升教材质量,实现教学资源的供给侧改革。"职教20条"提出校企双元开发国家规划教材,倡导使用新型活页式、工作手册式教材并配套开发信息化资源。

　　为了适应职业教育改革发展的需要,全国现代学徒制工作专家指导委员会积极推动现代学徒制模式下之教材改革。2019年,复旦大学出版社率先出版了"全国现代学徒制医学美容专业'十三五'规划教材系列",并经过几个学期的教学实践,获得教师和学生们的一致好评。在积累了一定的经验后,结合国家对职业教育教材的最新要求,又不断创新完善,继续开发出不同专业(如工业机器人、电子商务等专业)的校企合作双元育人活页式教材,充分利用网络技术手段,将纸质教材与信息化教学资源紧密结合,并配套开发信息化资源、案例和教学项目,建立动态化、立体化的教材和教学资源体系,使专业教材能够跟随信息技术发展和产业升级情况,及时调整更新。

　　校企合作编写教材,坚持立德树人为根本任务,以校企双元育人,基于工作的学习为基本思路,培养德技双馨、知行合一,具有工匠精神的技术技能人才为目标。将课程思政的教育理念与岗位职业道德规范要求相结合,专业工作岗位(群)的岗位标准与国家职业标准相结合,发挥校企"双元"合作优势,将真实工作任务的关键技能点及工匠精神,以"工程经验""易错点"等形式在教材中再现。

校企合作开发的教材与传统教材相比,具有以下3个特征。

1. 对接标准。基于课程标准合作编写和开发符合生产实际和行业最新趋势的教材,而这些课程标准有机对接了岗位标准。岗位标准是基于专业岗位群的职业能力分析,从专业能力和职业素养两个维度,分析岗位能力应具备的知识、素质、技能、态度及方法,形成的职业能力点,从而构成专业的岗位标准。再将工作领域的岗位标准与教育标准融合,转化为教材编写使用的课程标准,教材内容结构突破了传统教材的篇章结构,突出了学生能力培养。

2. 任务驱动。教材以专业(群)主要岗位的工作过程为主线,以典型工作任务驱动知识和技能的学习,让学生在"做中学",在"会做"的同时,用心领悟"为什么做",应具备"哪些职业素养",教材结构和内容符合技术技能人才培养的基本要求,也体现了基于工作的学习。

3. 多元受众。不断改革创新,促进岗位成才。教材由企业有丰富实践经验的技术专家和职业院校具备双师素质、教学经验丰富的一线专业教师共同编写。教材内容体现理论知识与实际应用相结合,衔接各专业"1+X"证书内容,引入职业资格技能等级考核标准、岗位评价标准及综合职业能力评价标准,形成立体多元的教学评价标准。既能满足学历教育需求,也能满足职业培训需求。教材可供职业院校教师教学、行业企业员工培训、岗位技能认证培训等多元使用。

校企双元育人系列教材的开发对于当前职业教育"三教"改革具有重要意义。它不仅是校企双元育人人才培养模式改革成果的重要形式之一,更是对职业教育现实需求的重要回应。作为校企双元育人探索所形成的这些教材,其开发路径与方法能为相关专业提供借鉴,起到抛砖引玉的作用。

全国现代学徒制工作专家指导委员会主任委员

广东建设职业技术学院校长

博士,教授

2021年9月

前　言

本书根据《国家职业教育改革实施方案》《关于职业院校专业人才培养方案制订与实施工作的指导意见》《关于推动现代职业教育高质量发展的意见》等文件精神编写。

汽车车身外板件修复技术是汽车车身维修相关专业课程体系的重要组成部分，是培养汽车钣金维修技术人才必不可少的重要课程。通过本课程的学习，使学生了解汽车车身外板件损伤特点和维修工艺，掌握维修技术和设备工具的应用，培养读者分析、解决问题的综合能力和良好职业素养。

目前，职业教育面临课程及教材"大变革"的攻坚克难阶段。"三教"改革最难是教材，开发系列教材更难。尤其是汽车维修专业，现行教材内容陈旧，教材中大量的理论知识与实际应用不对接，导致学用"两张皮"。教材侧重理论知识的传授，实践内容较少，与职业院校学生技能培养的特点及需求不符，给教与学带来一定困难，严重影响教学质量。而且教材内容及形式没有充分考虑职业院校学生的认知特征和培养目标，约八成学生认为教材"原理过多、过深、不理解、无趣味"。因此，深化"产教融合、校企合作"，多元合作开发具有显著职业特色的创新型实用教材迫在眉睫！

为了解决上述问题，在全国现代学徒制工作专家指导委员会的支持、指导下，由山东省汽车维修与检测行业协会和淄博普来瑞电器有限公司牵头，联合全国十所相关院校，组建了长期从事汽车车身维修教学和科研工作的校企专家编写团队，学校、企业、行业协会三方合作编写了本教材。在内容上，要求"精炼、先进""与实际工作紧密结合"；在形式上，要求"充分体现做中学"的职业教育理念。注重书以载道、立德树人、需求导向，重构教学内容体系，制定完善的教学解决方案，体现工作手册式和项目化新形态教材要求。与传统的学科体系教材相比，具有以下两个特征。

1. 形式和内容创新

结合近几年的行业发展变化和十余年教学改革实践经验，全新设计教材体例和内容编排；"以读者为中心"设计学习任务和学习内容；淘汰或弱化了行业内相对落后的工艺和技术，修改和更新了部分常规教学内容；在内容上总结提炼了更多工作实战经验，使教材结构紧凑顺畅，内容由浅入深，更符合实际工作中的定位要求和读者学习认知规律。

教材形式新颖,将教材和学材相统一,采用活页装订,结合教材内容,以二维码的形式配套嵌入数字教学资源,可通过手机等移动终端扫码学习,方便支撑信息化教学需要。为了让学生能够及时检视自己的学习效果,巩固知识加深理解,拓展学习视野,不同任务的不同阶段设计了适当形式的评价反馈和拓展知识。

2. 工作过程导向

始终贯彻"以来源于企业的典型工作任务为载体,采用项目教学的方式组织内容"的思路。通过若干个任务,分别介绍了汽车车身修复中常用的外板件维修技术工艺和方法。每个任务均按读者认知习惯设计学习流程,并突出强调技术和操作要点。教材内容非常具有针对性和实用性,内容叙述准确、通俗易懂、简明扼要,突出解决实际岗位技术问题关键能力的培养,有利于教师的教和读者的学。

本教材遵循了"同类任务统一体例架构,可根据不同任务特征给予灵活设计"的原则。编理论知识类的任务(如选用工具设备、材料等)采用"学习目标+学习提示+学习内容"的体例,读者可以从"学习提示"入手,了解学习要点和难点;通过"学习内容",掌握设备、工具的用途、结构等。典型岗位工作类任务(有较详细的操作流程和步骤)的体例,采用"任务活动与知识学习相结合"的架构体系,读者可以从"任务描述"环节入手,根据"任务分析"把握工作任务实施的要点和难点;通过"任务实施"梳理专业知识和技术要点、掌握岗位技能;对照"任务评价",检验技能与知识的掌握情况。

建议采用"教学做一体化"教学模式,加重实操训练占比。

本书项目一由商克森、刘宁编写,项目二由潘少龙、商克森、刘宁等编写,项目三由虞金松、刘宁编写完成。昃珂、高洋、陶军等参与了本书的编写工作。全书由刘宁、商克森、虞金松、昃珂、潘少龙统稿,叶建华审稿。淄博普来瑞电器有限公司潘少龙和高洋提供项目案例和应用视频。在本书编写过程中,山东省汽车维修行业协会、合作院校、淄博普来瑞电器有限公司、复旦大学出版社四方通力合作,为本书编写工作的顺利完成提供了有力保障。

由于编者水平有限,书中难免存在疏漏和不足之处,恳请广大读者批评指正。

编　者

2021 年 11 月

目　　录

项目一　修复前翼子板 ··· 1-1
　任务 1　选用锤和顶铁 ·· 1-2
　任务 2　选用钣金辅助工具 ·· 1-8
　任务 3　选用板件外形检验工具 ··································· 1-15
　任务 4　制作样规 ··· 1-21
　任务 5　修复前翼子板凹陷 ······································· 1-26
　任务 6　修复前翼子板折损 ······································· 1-35
　拓展任务 1　裁切和弯折钢板 ····································· 1-43
　拓展任务 2　展平和收缩钢板 ····································· 1-46

项目二　修复车门 ··· 2-1
　任务 1　使用车身外形修复机 ····································· 2-2
　任务 2　熔植介子和滑锤拉拔 ····································· 2-14
　任务 3　铜极头和碳棒缩火 ······································· 2-20
　任务 4　使用快修系统 ··· 2-25
　任务 5　修复车门凹陷 ··· 2-33
　任务 6　修复车门折损 ··· 2-43

项目三　修复保险杠 ··· 3-1
　任务 1　辨识车身塑料件 ··· 3-2
　任务 2　选用塑料件修复工具 ····································· 3-6
　任务 3　整形修复保险杠 ··· 3-11
　任务 4　焊接修复保险杠 ··· 3-16
　任务 5　粘接修复保险杠 ··· 3-23

附录　课程标准 ··· 1

项目一

【汽车车身外板件修复技术】

修复前翼子板

项目介绍

修复翼子板是事故车维修中的典型工作内容，较适合手工整形。本项目主要介绍锤、顶铁等钣金手工具使用、翼子板的凹陷和折损修复、板件维修质量检验等内容。

通过对项目知识的学习及相关技能的训练，掌握手工钣金整形的基本技术、技能，锻炼各类钣金手工具的综合应用能力，加深对汽车钣金工作的理解并提高学习兴趣，为后续项目的学习打下基础。

学习导航

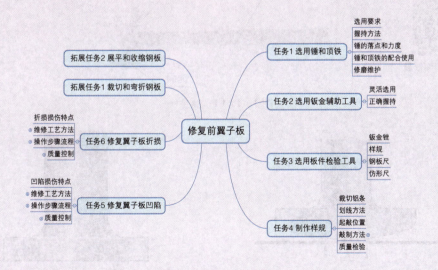

任务 1　选用锤和顶铁

学习目标

1. 能根据车身板件形状、材质和损伤状况选用合适的锤和顶铁。
2. 会正确握锤，配合使用顶铁，通过敲击，完成简单的板件损伤修复。
3. 培养严谨细致、认真负责的工作态度，和爱岗敬业、精益求精的工匠精神。

学习提示

在车身外板件修复中，锤和顶铁是使用频率最高的工具，正确选择和使用可以大大提高维修工作质量和提升工作效率。

面对各式各样的锤和顶铁，通过本任务的学习，首先要掌握这些工具的应用场景和使用性能，再根据维修工作进度和实际需求恰当选用。

学习内容

一　锤

1. 结构

如图 1-1-01 所示，锤主要由锤柄和锤头两部分组成。大多数钣金精平锤采用正曲面或平面圆形端面，如图 1-1-02 和图 1-1-03 所示。

知识链接　锤面修整

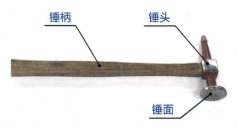

图 1-1-01　钣金锤

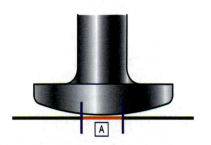

图 1-1-02　正曲面：端面敲击区域约 5 mm

图 1-1-03　图形，平面：锤面直径 35 mm 左右

2. 用途

部分钣金用锤的名称及用途如下，钣金修复工作中须根据实际需要灵活选择和使用：

	名称：钣金锤 用途：圆形锤面主要用于板件整形，横向（纵向）一字锤面主要用于板件横向线性凸起或者应力释放。
	名称：鹤嘴锤 用途：圆形锤面主要用于板件整形，鹤嘴（尖头）锤面主要用于板件点状小型凸起或者应力释放。
	名称：橡胶锤、塑胶锤、砂锤 用途：一般用于车身外板不伤漆整形修复、塑料保险杠热整形修复和车身零部件装配。
	名称：木锤 用途：用于没有严重折痕变形的板件整形、铝合金板件整形。

3. 使用方法

（1）握持 如图 1-1-04 所示。

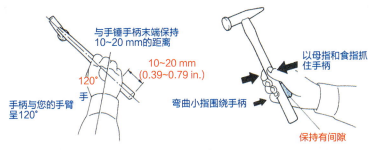

图 1-1-04 钣金锤的握持方法

手锤握持要点：
- 手柄与手臂呈 120°。
- 手柄末端留 10~20 mm。
- 拇指和食指抓住手柄侧面。
- 小拇指勾住锤柄。
- 手掌与锤柄保持间隙。

是否掌握：□是 □否（自评）

是否掌握：□是 □否（互评）

注意 握锤时,为防止锤子松脱,不戴棉线手套。

(2) 敲击　锤的敲击发力部位主要分为手腕发力、小臂发力、大臂发力(大臂发力在钣金精修操作时禁用),如图1-1-05所示。钣金锤敲击落锤要求,如图1-1-06所示。

图1-1-05　挥锤方法

钣金锤敲击发力要点:
- 敲击力大小:手腕发力＜小臂发力。

是否掌握:□是　□否(自评)
是否掌握:□是　□否(互评)

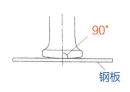

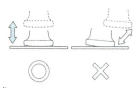

图1-1-06　落锤要求

钣金锤敲击落锤要求:
- 锤头与钢板基本垂直,锤面边缘不能接触钢板。

是否掌握:□是　□否(自评)
是否掌握:□是　□否(互评)

想一想　球头锤和钣金锤的异同?

球头锤与钣金锤		
不同点		
相同点		

4. 训练:整平细长条薄钢板

训练目的	训练对锤的握持方法、挥锤技巧、落点控制、锤击力度控制
训练物料准备	锤、薄钢板(厚度1mm的薄钢板,裁成宽度不大于锤面宽度的细长条,预制多种弯扭变形)、砧台
训练方法	使用钣金锤在规定时间内将弯曲变形的薄钢板整平
训练步骤和要求	1. 穿戴好安全防护用品(工作帽、工作服、安全鞋、棉线手套、耳塞、护目镜); 2. 检查锤的性能(锤柄、锤头及连接牢固); 3. 检查钢板材质和变形; 4. 检查砧台; 5. 挥锤敲击; 6. 质量检查; 7. 遵循7S(整理、整顿、清扫、清洁、素养、安全、节约)管理规定

评价反馈

序号	评价内容	评价结果	存在的问题及分析解决
1	安全防护齐备	□是 □否	
2	正确选择锤和砧台	□是 □否	
3	正确判断锤的性能	□是 □否	
4	正确判断钢板变形并设计整形方法	□是 □否	
5	握锤方式	□正确 □错误	
6	挥锤方法	□正确 □错误	
7	锤击落点	□准确 □偏离	
8	锤击力度	□恰当 □不当	
9	钢板整平过程	□正确 □错误	
10	钢板整平质量	□良好 □较差	
11	工具使用	□完好 □损坏	
12	完成时间	□按时 □超时	
13	应急处置	□正确 □错误	
14	7S管理	□执行 □未执行	

学习内容

二、顶铁

1. 用途

配合钣金锤,用于车身板件整形作业。

顶铁也称为手顶铁或垫铁,有多种不同的形状和尺寸,如图1-1-07所示。通常,顶铁为钢铁材质,实际工作中亦有铝、铜、木块和塑胶等材质。顶铁的重量通常应为所使用的钣金锤重量的2~3倍。

要根据其不同的特点区分使用,最重要的是选择与板件曲率接近的顶铁,否则会影响工作效率,甚至使板件受到二次损伤。

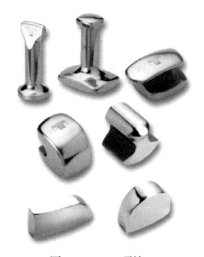

图1-1-07 顶铁

名称：通用顶铁
用途：适合各种位置，带有一个小曲面和一个大曲面，易于握持。

名称：尖头顶铁
用途：大表面用于平坦面板的矫正，曲边用于小面板法兰的矫正。

名称：圆头顶铁
用途：有两个小曲面，适合于紧凑区域，是修复小凹陷的理想之选，也可用于锤击板件。

名称：弧形顶铁（逗号顶铁）
用途：薄边缘适用于紧凑区域的矫直，平面和合适的曲边适用于弧形边矫直。

名称：鞋跟形顶铁
用途：有两个曲面和两个平面，适合于紧凑区域整平修复小凹陷。

2. 使用方法

顶铁有不同形状的工作面，可通过不同的握持方法来选择合适的工作面，以适应各种板件的形状。下面以鞋跟形顶铁为例，说明基本的握持和对准板件的方法。

（1）使用上表面　在手心里放上垫铁，轻轻握住全部。将上表面平缓面对准板件的曲面。

项目一 修复前翼子板

握持住垫铁的前端来对准

（2）使用上表面的边角　用手心的中央对准垫铁的前端部,垫铁平缓曲面放在上面,边角部对准板件的急剧变化的曲面。

握持住垫铁的前端来对准

（3）使用锐角　以垫铁侧面的锐角部为上表面握持垫铁,对准板件的冲压线等折弯线来修整。

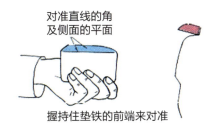

握持住垫铁的前端来对准

（4）使用边角和平面　把垫铁侧面的平面部分为上表面,直线部分或平面部分对准板件的平面。

3. 训练：钣金锤和顶铁对位敲击

训练目的	训练对钣金锤和顶铁的握持方法、挥锤技巧,以及对锤击落点、力度的精准控制
训练物料准备	钣金锤、顶铁、记号笔、钢板尺、划规、薄钢板（厚度 1 mm,裁成 300 mm×400 mm 长方形）; 用记号笔在钢板表面分别画多个点、一条直线、一条曲线
训练方法	使用钣金锤和顶铁,在规定时间内完成对钢板的点、线的锤击,检查自己对钣金锤和顶铁配合使用的掌握
训练步骤和要求	1. 穿戴好安全防护用品(工作帽、工作服、安全鞋、棉线手套、耳塞、护目镜); 2. 检查锤的性能(锤柄、锤面及连接牢固); 3. 检查钢板(划线); 4. 检查固定支架(调整夹钳、固定钢板); 5. 敲击; 6. 质量检查; 7. 遵循 7S 管理规定

1-7

● 评价反馈

序号	评价内容	评价结果	存在的问题及分析解决
1	安全防护齐备	□是 □否	
2	正确选择锤和顶铁	□是 □否	
3	正确判断锤的性能	□是 □否	
4	握锤方式	□正确 □错误	
5	挥锤方法	□正确 □错误	
6	锤击落点	□准确 □偏离	
7	锤击力度	□恰当 □不当	
8	锤击过程	□正确 □错误	
9	外观质量	□良好 □较差	
10	工具使用	□完好 □损坏	
11	完成时间	□按时 □超时	
12	应急处置	□正确 □错误	
13	7S管理	□执行 □未执行	

任务2 选用钣金辅助工具

学习目标

1. 能正确使用撬顶工具修复板件微小凹陷损伤。
2. 能使用修平刀配合钣金锤,修复板件折痕凸脊和板件划伤。
3. 培养严谨细致、认真负责、爱岗敬业、精益求精的工作态度和工匠精神。

学习提示

在车身外板件修复中,遇到钣金锤和顶铁难以施工的工作面,常常需要使用各类撬具、线凿和修平刀等钣金辅助工具,以提高维修工作质量和效率。

通过本任务的学习和训练,掌握这些辅助工具的用途、性能特点和使用方法。在钣金维修工作中,根据板件损伤的具体情况和维修工作实际需求灵活选用。

学习内容

一 撬顶工具

1. 用途

撬具如图1-2-01所示,用于手部难以触及板件内侧的损伤部位,利用杠杆原理,通过撬顶作业修复凹陷损伤;也常用于在空间局限位置替代顶铁,配合钣金锤执行板面整形修复作业。

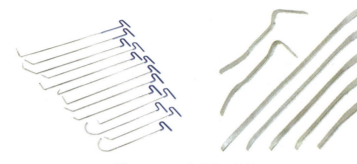

图 1-2-01　各种类型的撬具

名称：通用撬棍
用途：长度多为 300～900 mm 不等,适合多种位置,两端有一宽一窄不同的工作面,方便手持。

名称：S 形撬棍
用途：适用于比较大的面积,有些中间有凹槽,方便握持和撬顶操作。

名称：L 形撬棍
用途：适用于比较大的面积,有些中间有凹槽,方便握持和撬顶操作。

2. 使用方法

(1) 撬顶　对于手持顶铁难以触及的区域,如图 1-2-02 所示,使用撬具方可从板件背面施力进行撬顶修复。

操作要点：
- 准确的着力点。
- 牢固的支点。
- 适当的力度(避免用力过度造成二次损伤)。
- 适当的配合锤击。

是否掌握：□是　□否(自评)
是否掌握：□是　□否(互评)

图 1-2-02　撬顶作业

注意 当支撑点不够牢固时,应使用木块等增加其受力面;施力时随时防备滑脱,做好安全防护。

注意 为防止撬顶过程中造成二次损伤,必要时,撬具的受力端可以用柔软的材料包裹,如图1-2-03所示。

图1-2-03 包裹撬具受力端

（2）传力敲击 对于锤子难以施展的损伤区域,通过撬棍,传力敲击,如图1-2-04所示。

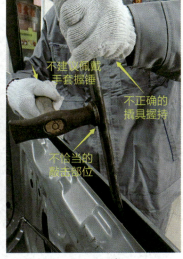

(a) 正确　　　　　　　　　　(b) 不正确

图1-2-04 传力敲击

操作要点:
- 精准的着力点。
- 牢固的握持(避免反关节握持)。
- 准确的敲击(锤击点尽量靠近受力端)。
- 适当的力度(避免用力过度造成二次损伤;锤的敲击发力部位主要有小臂发力和大臂发力)。

是否掌握:□是　□否(自评)

是否掌握:□是　□否(互评)

注意 用于敲击时,须选择合适的工作面或包裹工作面,避免对着力点造成二次损伤。

想一想 在钣金维修工作中,撬顶工具还有哪些应用场景?

3. 训练:撬顶作业、传力敲击作业

训练目的	训练撬具的握持方法、撬顶技巧、着力点把控、力度控制
训练物料准备	锤、撬具、木块、钢板尺、记号笔、车门、车门支架等
训练方法	1. 使用撬具在规定时间内对车门外板凹陷损伤进行撬顶作业; 2. 使用锤和撬具在规定时间内对车门外板凹陷损伤进行传力敲击作业
训练步骤和要求	1. 穿戴好安全防护用品(工作帽、工作服、安全鞋、棉线手套、耳塞、护目镜); 2. 检查板件变形部位和损伤情况(可在板件上划线以标注位置); 3. 检查撬具的性能(形状和长度、材质和硬度、强度、刚度),选择合适的撬具;   4. 找到方便的施力位置和牢靠的支撑点; 5. 施力试撬,检查撬顶部位变化,调整撬点位置;   6. 确定受力点后,逐渐增加撬顶力度,必要时挥锤辅助敲击; 7. 检查板件平整程度,如有必要,重复步骤3~5至板件状态恢复正常;   8. 遵循7S管理规定

● 评价反馈

序号	评价内容	评价结果	存在的问题及分析解决
1	安全防护齐备	□是 □否	
2	正确选择锤和撬具	□是 □否	
3	正确判断锤和撬具的性能	□是 □否	
4	正确判断板件变形部位、变形量、设计修复过程	□是 □否	
5	撬具握持方式	□正确 □错误	
6	支撑点	□准确 □偏离	
7	受力点	□准确 □偏离	
8	锤击过程	□正确 □错误	
9	撬顶修复过程	□合理 □不合理	
10	修复质量	□良好 □合格 □较差	
11	工具使用	□完好 □损坏	
12	完成时间	□按时 □超时	
13	应急处置	□正确 □错误	
14	7S管理	□执行 □未执行	

知识链接　线凿修磨

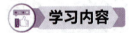

二　线凿

1. 用途

线凿也称为打板或扁铲,通常为钢制,有多种不同的长度和形状尺寸,以匹配不同形状板件整形工作。线凿具有平直或弯曲的厚刃,配合锤击,用于车身板件的线型恢复作业。要根据其不同的特点区分使用,工作面要与板件曲率接近,否则会影响工作效率,甚至使板件遭受二次损伤。

名称:无柄线凿

用途:有直线或曲面短刃,适合于紧凑区域,是修复小凹陷的理想之选,也可用于锤击板件。

项目一　修复前翼子板

名称：T形、L形线凿
用途：较长的工作刃适用于较大范围线型的矫直,较长的手柄更方便握持和施力。

名称：长柄线凿
用途：较长的手柄方便握持和施力,直线型短刃用于长度较短的线型修复。

2. 使用方法

线凿有多种形状和长度,通常只有一个工作刃。工作中需要根据板件线型弧度和长度特点灵活选择,以匹配各种板件的形状。可通过不同的握持方法配合锤击实现工作目的。基本的握持和使用方法如图1-2-05～图1-2-11所示。

(a) 正握　　　　　　　　　　　　　(b) 反握

图1-2-05　长柄线凿的握持方法

图1-2-06　作为打板使用

图1-2-07　T形线凿的使用

图1-2-08　选择合适弧度线凿

图1-2-09　直线型线凿的握持和使用

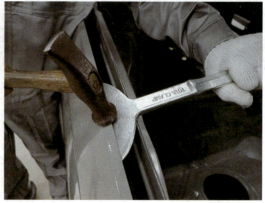

图 1-2-10　L 形线凿的应用　　　　　　　图 1-2-11　作为顶铁使用

操作要点：
- 精准的着力点。
- 牢固的握持。
- 准确的锤击落点。
- 适当的力度(避免用力过度造成二次损伤;锤的敲击发力部位主要有小臂发力和大臂发力)。

是否掌握：□是　　□否(自评)
是否掌握：□是　　□否(互评)

3. 训练：线凿使用

训练目的	训练线凿的握持方法、使用技巧以及对锤击落点、锤击力度的精准控制
训练物料准备	球头锤、线凿、记号笔、钢板尺、划针、划规、薄钢板(厚度 1 mm,裁成 200 mm×200 mm 方形); 用划针在钢板表面分别画多条直线、一条曲线
训练方法	使用锤和线凿,在规定时间内完成对钢板的凿击,检查自己对锤和线凿配合使用的掌握情况
训练步骤和要求	1. 穿戴好安全防护用品(工作帽、工作服、安全鞋、棉线手套、耳塞、护目镜); 2. 检查锤的性能(锤柄、锤面及连接牢固); 3. 检查砧台; 4. 检查钢板(划线),选择线凿,检查线凿性能; 5. 凿击钢板; 6. 质量检查; 7. 遵循 7S 管理规定

1-2-01　使用线凿

● 评价反馈

序号	评价内容	评价结果	存在的问题及分析解决
1	安全防护齐备	□是 □否	
2	锤和线凿选用	□正确 □错误	
3	握持方式	□正确 □错误	
4	挥锤方法	□正确 □错误	
5	锤击落点	□准确 □偏离	
6	锤击力度	□恰当 □不当	
7	锤击过程	□正确 □错误	
8	外观质量	□良好 □合格 □较差	
9	工具使用	□完好 □损坏	
10	完成时间	□按时 □超时	
11	应急处置	□正确 □错误	
12	7S管理	□执行 □未执行	

任务3 选用板件外形检验工具

学习目标

1. 能根据板件形状和损伤范围选择适当的检验工具。
2. 能够正确使用检验工具检查板件损伤情况和修复质量。
3. 培养质量意识和严谨细致、精益求精的工作作风。

学习提示

修复车身外板件，要在工作前、作业中和修复后，检查和评价板件损伤和修复情况，根据检查的情况及时调整修复工艺和方法，避免二次损伤，确保维修工作质量和效率。

使用检验工具时，需要根据其功能特点和实际工作进度正确选择。例如，车身锉用于维修作业中确定板件高低点的位置，而仿形尺则主要用于对比取型测量。

学习内容

板件检验工具

1. 仿形尺

（1）结构特点　如图1-3-01所示，仿形尺也称为轮廓取型器或仿形规，通常为塑料或不锈钢材质,由两块夹板夹持一定数量的塑料片或金属条组成。使其与取形部位接触,塑料片或金属条滑移,即可显现取形部位的轮廓形状。使用仿形尺可以对板件损伤对应处快速取样(取形),利用车身结构左右对称的特点,通过比对,检查损伤(维修)区域板件变形量,如图1-3-02所示。

图1-3-01 仿形尺

图1-3-02 使用仿形尺检查车身板件平整度

(2) 使用方法 握持方式如图1-3-03所示。

(a) 单手握持　　　　　　　　　　(b) 双手握持

图1-3-03 仿形尺的握持方法

操作步骤:
- 检查量程范围,选择仿形尺规格尺寸。
- 在损伤(维修)部位划线,确定测量位置。
- 在对称板件相关部位划线、取样。
- 对比测量,通过侧视透光度,观察板件平整程度。

是否掌握:□是　□否(自评)
是否掌握:□是　□否(互评)

注意 贴近板件时,动作轻缓,避免过度用力造成滑尺移动而使测量失准。

2. 样规

（1）结构特点　样规也称为样板规或样板条，可用铝条手工打制，亦可用硬纸板制作，用于检查板件修复质量，如图 1-3-04 所示。

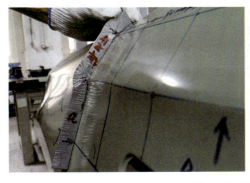
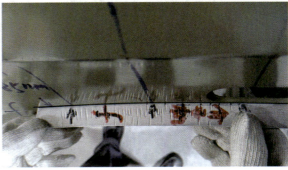

图 1-3-04　使用样规检查板件

（2）使用方法　从侧面观察样规与板件间的透光度，检查板件的平整程度和维修质量；必要时可与间隙尺配合使用，测量板件表面高低差的数值。

操作要点：
- 对正标线位置。
- 贴近板件。
- 避免外力造成样规变形。

是否掌握：□是　□否（自评）
是否掌握：□是　□否（互评）

3. 钢板尺

（1）结构特点　钢板尺为钢制量尺，分为钢直尺和直角拐尺，外形扁平，如图 1-3-05 所示。其中，钢直尺是钣金工作最常用的量具之一。钣金工作用钢板尺的规格通常用 300 mm、500 mm、1 000 mm 等量程。

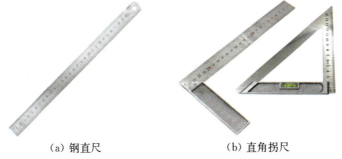

(a) 钢直尺　　　　　　(b) 直角拐尺

图 1-3-05　钢板尺

（2）使用方法

① 检查车身板件平整度，如图 1-3-06 所示。

图1-3-06 检查测量板件平整度

操作要点：
- 双手握持，贴近板件，中段靠近损伤区，两端与未损伤区域接触作为测量基准。
- 观察透光度时，注意观察角度，保持视线与钢板尺垂直。
- 钢板尺保持自然状态，不施加多余的外力。
- 在板件表面较平直方向、区域上检查测量。
- 避免划伤板件。

是否掌握：□是　□否（自评）
是否掌握：□是　□否（互评）

② 划线，如图1-3-07所示。配合记号笔或划针在车身板件划线，以方便维修工作（维修质量检查、线型修复等）的开展。

图1-3-07 板件划线

操作要点：
- 确定基准。
- 注意手的位置。
- 核验（比对）。
- 根据检查情况，判断板件状况，必要时随时做好标记。

是否掌握：□是　□否（自评）
是否掌握：□是　□否（互评）

4. 车身锉

（1）结构特点　其结构如图1-3-08所示，主要用于车身外板件修复过程中的质量检查。通过车身锉的锉痕，更易于分辨凹凸点，可以提高钣金工作质量和效率。

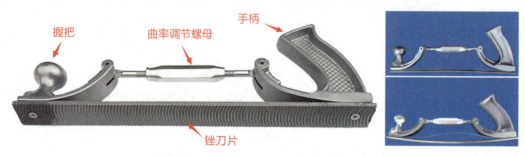

图1-3-08 车身锉结构与调整

（2）使用方法

① 辨识板件凹凸状况，如图1-3-09所示，用车身锉锉削，利用锉痕检查平整度，更易于分辨板件凹凸部位。

项目一 修复前翼子板

图1-3-09 使用车身锉检查板件修复效果

操作步骤和要点：

- 调整车身锉刀的弧度。
- 根据需要，可单手或双手握持。
- 锉刀贴紧板件后，适当用力，以45°角在板件上往复推动，如图1-3-10所示。
- 保持锉削方向，尽量保持锉削纹路均匀一致。
- 观察锉痕、判断和评价维修效果（无锉痕的区域为低处，有锉痕的区域相对较高），如图1-3-11所示。

是否掌握：□是 □否（自评）
是否掌握：□是 □否（互评）

注意 切不可锉削过度，或以锉削代替手锤整平。

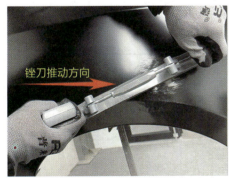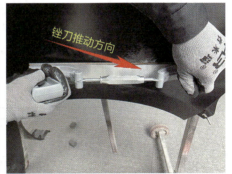

图1-3-10 锉刀推动方向

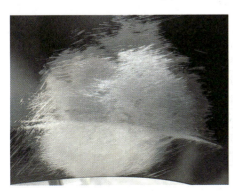

图1-3-11 锉痕效果　　图1-3-12 锉削介子焊疤和碳棒缩火痕迹

② 用于锉削介子焊疤和碳棒缩火痕迹,如图 1-3-12 所示。

知识链接
板件检验标准

使用要点:
- 适度调整锉刀,不可过度弯曲。
- 减少以锉削为目的的作业。
- 注意控制锉削范围。
- 使用结束后,及时松开锉刀。

是否掌握:□是　□否(自评)
是否掌握:□是　□否(互评)

注意　妥善摆放和收纳,避免掉落摔断锉刀。

5. 训练:板件平整度的检查测量

训练目的	训练车身板件损伤检查方法,熟练掌握钢板尺、仿形尺和车身锉的使用
训练物料准备	车身板件(修复后的损伤板和未损伤的标准板各一件)、板件支架、钢板尺、仿形尺、车身锉、间隙尺、记号笔
训练方法	使用钢板尺、仿形尺、车身锉、间隙尺,在规定时间内检查和评价板件修复质量
训练步骤和要求	1. 穿戴好安全防护用品(工作帽、工作服、安全鞋、棉线手套、耳塞、护目镜); 2. 触摸检查板件平整度,使用记号笔对凸点和低处做标记; 3. 目测检查板件线型平顺程度,触摸确认后,标记线型存在的问题; 4. 调整车身锉,检查板件损伤区域; 5. 选择适当量程的钢板尺,检查测量板件; 6. 使用钢板尺在板件划测量线,使用仿形尺在标准件取样,检查测量损伤板; 7. 提出对板件维修的思路和建议; 8. 遵循 7S 管理规定

● 评价反馈

序号	评价内容	评价结果	存在的问题及分析解决
1	安全防护齐备	□正确　□错误	
2	选择钢板尺	□正确　□错误	
3	判断板件平整度	□正确　□错误	
4	调整车身锉	□正确　□错误	
5	车身锉的使用	□正确　□错误	
6	钢板尺的使用	□正确　□错误	
7	测量线的绘划	□准确　□错误	
8	仿形尺的使用	□正确　□错误	
9	板件检测过程	□正确　□错误	
10	维修工艺设计	□合理　□不合理	
11	工具使用	□完好　□损坏	
12	完成时间	□按时　□超时	
13	应急处置	□正确　□错误	
14	7S 管理	□执行　□未执行	

任务 4　制作样规

任务目标

1. 能根据板件形状和损伤范围制作相应数量的样规。
2. 能够熟练使用样规检查板件修复质量。
3. 培养质量意识和严谨细致、精益求精的工作习惯。

任务分析

检查和评价车身外板件维修质量时,使用样规是最为便捷的方法之一。钣金学徒工必须掌握样规制作工艺和方法,熟练打制适当数量的样规,供维修工作使用,以确保工作效率。

制作样规对操作者使用钣金锤的能力要求极高,通过相关训练,可以增强对板件变形规律的理解,提高对锤的控制能力。

任务准备

1. 班组成员
　　□组长　□操作员　□质检员　其他_____

2. 检查场地
　　□是否通风　□施工区域是否安全　□气源安全　□电源安全
　　□工位场地面积_____　现场人数_____

3. 设备工具
　　□钣金锤　□砧台　□记号笔　□钢板尺
　　□半圆锉　□板件支架　□工具车　其他_____

4. 安全防护
　　□工作服　□工作鞋　□棉线手套　□防尘口罩　□护目镜　□耳塞/耳罩

5. 耗材
　　□铝条　□纸胶带　其他_____

任务实施

步骤 1　标准板件划线

(1) 穿戴防护用品,如图 1-4-01 所示。
选用防护用品:
　　□工作帽　□工作服　□安全鞋
　　□棉线手套　□防尘口罩　□护目镜
　　□耳罩　□耳塞　其他_____

图 1-4-01　穿戴防护用品

(2) 根据板件损伤位置和范围,在标准板件对应位置划线并标号。通常按 3+3(横向 3 条、竖向 3 条)的数量制作样规,如图 1-4-02 所示,可基本满足使用要求(间隔约 100 mm)。

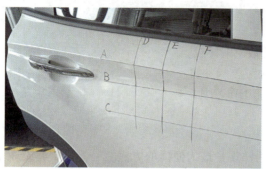

图 1-4-02　标准板件划线

操作要点:
- 确定基准点(基准起点)。
- 注意选位(方便制作)。
- 划线准直。
- 为防止划伤漆面,可使用纸胶带贴护板件。

是否掌握:□是　□否(自评)
是否掌握:□是　□否(互评)

步骤 2　铝条裁切、修整

(1) 挑选铝条,如图 1-4-03 所示。

图 1-4-03　铝条和样规制作工具

选择要点:
- 合适的厚度(2 mm 左右)。
- 合适的宽度(25～30 mm)。
- 合适的长度(符合需求)。
- 平顺齐整,无变形,边缘无毛刺(必要时可修整)。

是否掌握:□是　□否(自评)
是否掌握:□是　□否(互评)

(2) 按所需长度裁切铝条,如图 1-4-04 所示。

图 1-4-04　裁短铝条至所需长度

操作要点:
- 使用铁皮剪或铡刀裁切。
- 留适当余量。
- 注意长度搭配(避免浪费)。
- 尽量减轻造成的变形。

是否掌握:□是　□否(自评)
是否掌握:□是　□否(互评)

注意　避免浪费。

(3) 修整裁切后的铝条。锤轻敲铝条端部,敲平裁切造成的变形,如图 1-4-05 所示,用锉刀修平边缘毛刺。

图1-4-05 修平铝条变形

注意 修整后的铝条按标记的序号依次摆放,防止错乱。

步骤3 顺序打制样规

(1) 分析位置形状,确定起敲点或起敲范围,如图1-4-06所示。
(2) 预估弯曲变形量,画敲击线,顺序敲击,如图1-4-07所示。

图1-4-06 确定起敲位置

图1-4-07 敲击铝条

操作要点:

- 根据接触点位置画敲击线(约5~10 mm)。
- 根据预估的弯曲变形量确定敲击线数量、长度和密度。
- 从起敲点开始先向一个方向敲击,再向另一个方向敲击。

是否掌握:□是 □否(自评)
是否掌握:□是 □否(互评)

① 正弧制作:一点接触敲外侧,如图1-4-08所示。
② 反弧制作:两点接触敲内侧,如图1-4-09所示。
③ 缓弧制作:敲击不过中心线,如图1-4-10所示。
④ 急弧制作:从急弧处扇形敲击,敲击宽度约为样板铝条宽度的4/5,如图1-4-11所示。

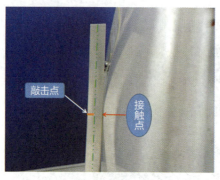
图1-4-08 一点接触

图1-4-09 两点接触

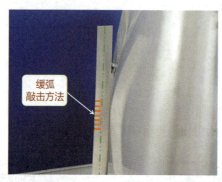
图1-4-10 缓弧敲击方法

图1-4-11 急弧敲击方法

操作要点：
- 敲击内侧，制造内弯（注意尽量减轻边缘变形量）。
- 必要时，使用锉刀修整。
- 敲击外侧，制造外弯。
- 控制变形逐渐发生，切勿急于求成。
- 筋线位置，扇形展开敲击。

是否掌握：□是 □否（自评）
是否掌握：□是 □否（互评）

（3）检查比对。为避免敲击过量，敲击过程中需要频繁检查比对，如图1-4-12所示。

图1-4-12 检查比对正标线

操作要点：
- 保持耐心，不厌其烦。
- 对准起敲点。
- 对正划线标记。
- 谨慎敲击，减少反复修正。

是否掌握：□是 □否（自评）
是否掌握：□是 □否（互评）

（4）质量评估，微量调整和修整，微量调整样规瑕疵（必要时，亦可使用半圆锉适当锉削修整）。

操作要点：
- 检查确认样规与板件贴合度高（间隙不大于 0.5 mm）。
- 控制样规锉削量。

是否掌握：□是　□否（自评）

是否掌握：□是　□否（互评）

（5）标记、倒角，如图 1-4-13 所示。

图 1-4-13　修整端部倒角

步骤 4　**检查确认**

标记序号、方向和基准点，妥善收纳，如图 1-4-14 所示。

图 1-4-14　标记样规序号和使用方向

操作要点：
- 检查序号。
- 检查使用方向。
- 检查基准标线。

是否掌握：□是　□否（自评）

是否掌握：□是　□否（互评）

任务评价

1. 过程评价

序号	评价内容	评价结果	存在的问题及分析解决
1	按时到岗、开工、完成	□是　□否	
2	安全防护齐备	□是　□否	
3	三不落地	□是　□否	
4	工具使用	□正确　□错误	
5	工艺步骤	□正确　□错误	
7	耗材使用	□合理　□不合理	
8	操作规范	□规范　□不规范	
9	7S管理	□执行　□未执行	

2. 质量评价

序号	评价内容	评价结果	存在的问题及分析解决
1	横向样规制作质量	□完美　□有瑕疵　□失败	
2	竖向样规制作质量	□完美　□有瑕疵　□失败	

3. 绩效评价

序号	评价内容	评价结果	存在的问题及分析解决
1	物料消耗	□合理　□不合理	
2	工具使用	□完好　□损坏	
3	完成时间	□按时　□超时	
4	应急处置	□正确　□错误	

任务5　修复前翼子板凹陷

任务目标

1. 能分析评估前翼子板(后统称为翼子板)凹陷损伤状况,确定修复方法。
2. 能独立完成翼子板凹陷修复前的准备工作。
3. 能用手工具修复翼子板凹陷损伤。
4. 培养安全意识、协作意识、质量意识、效率意识和严谨细致、认真负责的工作态度。

项目一 修复前翼子板

情景导入

如图1-5-00所示,某车发生交通事故,造成右前翼子板凹陷损伤,进站维修。应该如何修复?

任务分析

翼子板是单层结构,适合手工整形修复。凹陷是翼子板碰撞常见损伤,会同时存在塑性和弹性变形。钣金手工整形修复时要精准施力,控制锤击位置和力度,避免板件过度延展造成松鼓。

图1-5-00 事故车

任务准备

1. 维修班组成员

□组长 □操作员 □质检员 其他_____

2. 检查场地

□是否通风 □施工区域是否安全 □气源安全 □电源安全
□工位场地面积_____ 现场人数_____

3. 设备工具

□钣金锤套装 □双动打磨机 □集尘打磨机
□无尘干磨机 □车身锉 □木锤、橡胶锤
□吹尘枪 □仿形尺 □工具车 其他_____

4. 安全防护

□工作服 □工作鞋 □棉线手套 □防尘口罩 □护目镜 □耳塞/耳罩
其他_____

5. 产品耗材

□清洁剂 □防尘口罩 □护目镜 □擦拭布 □黑金刚磨盘
□圆盘打磨砂纸(P80~120) 其他_____

任务实施

步骤1 维修工作准备

(1)洗车工清洗车身污渍,便于车辆环检和定损。

是否清洁干净:□是 □否 原因_____ 其他_____

1-27

(2) 服务顾问登记车辆信息、环车检查后填车辆预检单、开具维修工单。

车辆预检单与维修工单

是否安装三件套：□是　□否　原因_____
是否做车辆外检：□是　□否　原因_____
是否让车主签字确认：□是　□否　原因_____
是否登记保险到期日期：□是　□否　原因_____
其他_____

(3) 钣喷主管确认维修项目，填写维修班组（或技师姓名）及交车时间。

是否查看工单内容：□是　□否　原因_____
客户是否签字：□是　□否　原因_____
是否填写交车时间：□是　□否　原因_____
是否妥善保存钥匙：□是　□否　原因_____
其他_____

步骤2　损伤评估

检查损伤部位、损伤类型、损伤范围和损伤程度，确定维修工艺。

(1) 目测　通过漆膜的反光，从多个角度检查凹陷损伤，如图1-5-01所示。

图1-5-01　目测评估

(2) 手触　通过触摸感受板件高低的变化，如图1-5-02所示，触摸方向和手感部位如图1-5-03所示。

图1-5-02　手触评估

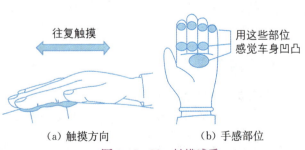

(a) 触摸方向　　(b) 手感部位
图1-5-03　触摸感受

操作要点：

- 佩戴棉线手套。
- 手掌的移动方向必须沿手指指向,前后移动。
- 大范围触摸,从未损伤区域开始,经过损伤区域,到达未损伤区域。
- 从多个方向触摸(米字形)。
- 标记凹点或凸点。

是否掌握：☐是　☐否(自评)
是否掌握：☐是　☐否(互评)

(3) 指压　按压损伤部位,辅助判定塑性变形和弹性变形区域,如图1-5-04所示。

塑性变形区域_____;弹性变形区域_____
是否存在松鼓(崩弹)现象：☐是　☐否
其他_____

(4) 尺量　用钢板尺测量损伤部位,如图1-5-05所示,并标记出损伤区域。

表面凹陷范围：长度_____　宽度_____　深度_____
其他_____

图1-5-04　指压评估

图1-5-05　尺量评估

步骤3　拆除附件

拆除相关附件,如图1-5-06所示,断开蓄电池负极。

图1-5-06　拆除翼子板内衬

步骤4　粗修整形

1. 穿戴防护用品

穿戴防护用品如图1-5-07所示。

图1-5-07　穿戴防护用品

> 选用防护用品：
> □工作帽　　□工作服　　□安全鞋
> □棉线手套　□防尘口罩　□护目镜
> □防护面罩　□耳塞　　　其他＿＿＿＿

2. 选择工具

（1）选择顶铁　根据翼子板凹陷部位原始形状，选择适当弧面的顶铁。建议顶铁弧度与托顶位置板面弧度相近。

（2）选择锤　首选木锤或橡皮锤，再选用横向（纵向）整形锤或者鹤嘴锤的圆弧形锤面。

3. 整形修复

（1）顶铁撑顶　将顶铁从板件背面顶在凹陷位置最低点。若翼子板背面空间允许，建议用顶铁从背面敲击，如图1-5-08所示。

图1-5-08　粗修整形

操作要点：

- 顶铁撑顶位置必须精准。
- 顶铁撑顶力度越大越好。
- 必要时寻找手臂支撑点。
- 顶铁撑顶方向须垂直顶撑位置板件表面。

是否掌握：□是　□否（自评）

是否掌握：□是　□否（互评）

(2) 锤击敲打

操作要点：

- 先强后弱。要先修棱角，再修筋线，最后修平面。
- 由外而内。
- 顶凹打凸。
- 原则上只修塑性变形（塑性变形修复完好，弹性变形可自行恢复）。
- 无需打磨涂层。
- 根据板件变形情况，随时调整锤击位置、力度。

是否掌握：□是　□否（自评）
是否掌握：□是　□否（互评）

建议先用木锤敲击，可避免敲击过程产生板面延展。采用虚敲（无顶铁）的方法沿凹陷最外围，逐渐往中间敲打。通过粗修整形，将损伤区域修复至较为平顺状态（手触检查）。

是否佩戴好防护用品：□是　□否　原因_____
□护目镜　□耳塞　□工作服　□安全鞋
是否正确使用钣金锤和顶铁：□是　□否　原因_____
锤击力度及准确度控制如何：□好　□较好　□一般
原因_____　其他_____

1-5-01
木锤释放应力

步骤5　精修整平

1. 车身锉检查

(1) 用车身锉轻微锉削修复表面，如图1-5-09所示。

车身锉使用是否正确：□是　□否　原因_____
锉削纹路是否一致：□是　□否　原因_____
锉削力度控制是否合理：□是　□否　原因_____

(2) 标记高低点，如图1-5-10所示，○为高点，×为低点，便于下一步精修整平。

图1-5-09　车身锉检查

图1-5-10　标记高低点

2. 实敲整平

(1) 修复凹点　将顶铁对准凹点,从板件背面用力推顶,用钣金锤实敲(有顶铁)正面。

(2) 修复凸点　用鹤嘴锤头轻敲凸点,或用钣金锤配合顶铁敲击。

(3) 用车身锉检查板面　如图1-5-11所示。

操作要点:
- 清除损伤区涂层。
- 先凹点,后凸点。
- 先修变形小的部位,后修变形大的区域。
- 每修复一处凹点后,及时清除此处板面应力。

是否掌握:□是　□否(自评)

是否掌握:□是　□否(互评)

图1-5-11　检查板面

3. 消除板面应力

用钣金锤敲击,消除板面虚浮应力。

4. 板件调形

借助仿形尺或样规,调整板件外形,如图1-5-12所示。

图1-5-12　根据仿形尺调形

步骤6　维修质量检验

用仿形尺或样规检查维修质量,必要时可配合间隙规辅助检验。

维修质量标准:
- 不允许存在高点(宁低勿高)。
- 较原板面低0～2mm范围(实际数值请参照维修手册要求)。
- 按压检查,板面无松鼓现象。

步骤 7   **表面处理**

1. 清除旧漆膜

(1) 在板件损伤区域标记打磨范围,如图 1-5-13 所示。

(2) 用双动作打磨机打磨羽状边,建议选择 P80~120 砂纸,如图 1-5-14 所示。

图 1-5-13   标记打磨范围   图 1-5-14   打磨羽状边

2. 清洁

用擦拭布和清洁剂清洁板件,如图 1-5-15 所示。

步骤 8   **工序交接**

(1) 如图 1-5-16 所示,钣金组长复检、签字,交由涂装技师质检。如有不妥,重新修整。

图 1-5-15   清洁板件   图 1-5-16   工序交接

(2) 涂装作业结束,涂装技师和钣金组长交接车辆。

步骤 9   **防腐作业、安装附件、通电试车**

(1) 板件背面防腐作业,防止锈蚀,作业时须戴好防溶剂手套(丁腈手套)和活性炭面具。

(2) 安装附件。

(3) 连接蓄电池,通电试车。

步骤 10   **终检、交车**

(1) 钣金组长质量自检、填写完工时间。

(2) 钣喷主管复检、签字。

(3) 将车辆交接给服务顾问。

是否完成自检：□是　□否
是否完成复检：□是　□否
是否执行7S管理：□是　□否

任务评价

1. 过程评价

序号	评价内容	评价结果	存在的问题及分析解决
1	按时到岗、开工、完成	□是　□否	
2	安全防护齐备	□是　□否	
3	查验维修工单	□是　□否	
4	三不落地	□是　□否	
5	车辆防护齐备	□是　□否	
6	设备工具的使用	□正确　□错误	
7	维修工艺步骤	□正确　□错误	
8	耗材使用	□合理　□不合理	
9	操作规范	□是　□否	
10	自检互检	□是　□否	
11	工序交接	□是　□否	
12	7S管理	□执行　□未执行	

2. 质量评价

序号	评价内容	评价结果	存在的问题及分析解决
1	漆膜清除质量	□合格　□不合格	
2	板面修复质量	□合格　□不合格	
3	修复区平整度	□合格　□不合格	
4	修复区打磨质量	□合格　□不合格	

3. 绩效评价

序号	评价内容	评价结果	存在的问题及分析解决
1	物料消耗	□合理　□浪费	
2	设备使用	□完好　□损坏	
3	工具使用	□完好　□损坏	
4	完成时间	□按时　□超时	
5	应急处置	□正确　□错误	

任务6 修复前翼子板折损

任务目标

1. 能分析评估翼子板折损的损伤状况,确定修复方法。
2. 能独立完成翼子板折损修复前的准备工作。
3. 能用手工具修复翼子板折损损伤。
4. 培养安全意识、团队协作意识、质量意识、效率意识,和严谨细致、认真负责的工作态度。

情景导入

如图1-6-00所示,某车发生交通事故,造成右前翼子板折损,进站维修。该如何修复?

任务分析

板件折损会造成筋线和凹陷周边产生较大折痕。与凹陷损伤相比,塑性变形更严重,修复难度更大,维修工艺更复杂。

维修过程中,要根据板件受力状态和实际变形情况,灵活选用合适的设备、工具,视情况调整维修方法,逐步完成板件整形并确保修复质量。

图1-6-00 事故车

任务准备

1. 维修班组成员

   □组长 □操作员 □质检员 其他_____

2. 检查场地

   □是否通风 □施工区域是否安全 □气源安全 □电源安全
   □工位场地面积_____ 现场人数_____

3. 设备工具

   □钣金锤套装 □双动打磨机 □集尘打磨机 □无尘干磨机 □车身锉
   □木锤、橡胶锤 □吹尘枪 □仿形尺 □工具车 其他_____

4. 安全防护

   □工作服 □工作鞋 □棉线手套 □防尘口罩 □护目镜 □耳塞/耳罩
   其他_____

5. 产品耗材

☐清洁剂　☐防尘口罩　☐护目镜　☐无纺擦拭纸　☐黑金刚磨盘
☐圆盘打磨砂纸（P80～120）　其他_____

任务实施

步骤 1　**维修工作准备**

同本项目任务 5。

是否清洁干净：☐是　☐否　原因_____
是否安装三件套：☐是　☐否　原因_____
是否做车辆外检：☐是　☐否　原因_____
是否让车主签字确认：☐是　☐否　原因_____
是否登记保险到期日期：☐是　☐否　原因_____
是否查看工单内容：☐是　☐否　原因_____
客户是否签字：☐是　☐否　原因_____
是否填写交车时间：☐是　☐否　原因_____
是否妥善保存钥匙：☐是　☐否　原因_____
其他_____

步骤 2　**损伤评估**

检查损伤部位、损伤类型、损伤范围和损伤程度，确定维修工艺。评估方法有目测、手触、指压、尺量，具体内容见本项目任务 5。

（1）损伤检查，如图 1-6-01 所示。

图 1-6-01　检查评估翼子板损伤

损伤分析：
翼子板筋线是否有折痕：☐是　☐否　折痕有_____处；
折痕长度_____，宽度_____，深度_____
翼子板边缘是否有折痕：☐是　☐否　折痕有_____处；

板面是否有隆起：□是 □否 隆起有_____处；
板面是否有凹陷：□是 □否 凹陷有_____处；
板面是否存在松鼓(崩弹)现象：□是 □否 松鼓有_____处；
翼子板周边缝隙是否均匀：□是 □否
变形范围：长度_____，宽度_____，深度_____
其中，塑性变形区域_____，弹性变形区域_____
根据判断，翼子板损伤原因：□前撞 □侧撞 □剐蹭 其他_____

(2) 根据检查的损伤情况，制定维修计划。

维修步骤设计和问题预判：
- 拆除附件：_____
- 损伤分析：_____
- 粗修整形：_____
- 精修整平：_____
- 质量检查：_____

是否正确评估损伤：□是 □否 原因_____
是否画出修复范围：□是 □否 原因_____
维修工艺设计是否合理可行：□是 □否(小组互评)
改进建议：_____

步骤3 **拆除附件**

拆除附件，如图1-6-02所示。若操作空间受限，可拆除车轮(车辆务必用支撑架支撑，禁用卧式千斤顶支撑)。

图1-6-02 拆除翼子板内衬

劳保用品是否穿戴整齐：□是 □否 原因_____
工具选择是否正确：□是 □否 原因_____
内衬有无损伤：□有 □无 原因_____
拆卸过程是否顺利：□是 □否 原因_____

图 1-6-03 穿戴防护用品

步骤 4　粗修整形

1. 穿戴防护用品

穿戴防护用品,如图 1-6-03 所示。

选用防护用品:
☐ 工作帽　　☐ 工作服　　☐ 安全鞋
☐ 棉线手套　☐ 防尘口罩　☐ 护目镜
☐ 防护面罩　☐ 耳塞　　　其他_____

2. 选择工具

(1) 选择锤和顶铁　同本项目任务 5。

(2) 选择线錾　根据筋线形状、损伤状况,选择合适的线錾。

(3) 选择撬顶工具　根据损伤位置、状况,选用合适的撬顶工具。

3. 整形修复

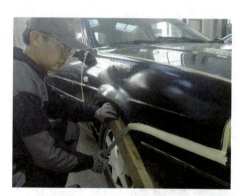

图 1-6-04 撬棍撬顶

(1) 撬顶和撑顶　灵活使用撬棍等撬顶工具,从板件背面施力,初步恢复损伤折痕和凹陷,如图 1-6-04 所示。

操作要点:
● 撬顶位置必须精准。
● 撑顶力度要适当,不可过大。
● 为撬棍寻找牢固的杠杆支点。
● 为避免二次损伤,适当保护受力点。

是否掌握:☐是　☐否(自评)
是否掌握:☐是　☐否(互评)

(2) 顶铁撑顶　将顶铁从板件背面顶在折损位置最低点。操作要点同本项目任务 5。

(3) 锤击敲打　建议先使用木锤敲击,可减少敲击过程产生板面延展。采用虚敲的方法沿折损部位的较高处敲打整形(顶凹打凸),如图 1-6-05 所示。操作要点同本项目任务 5。

1-6-01 锤击释放应力

是否佩戴好防护用品:☐是　☐否　原因_____
☐ 护目镜　☐ 耳塞　☐ 工作服　☐ 安全鞋
是否正确使用钣金锤和顶铁:☐是　☐否　原因_____
锤击力度及准确度控制如何:☐好　☐较好　☐一般
原因_____

项目一 修复前翼子板

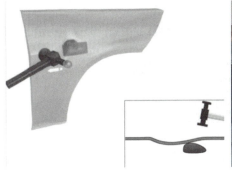

图1-6-05 虚敲整形

(4)线凿塑型 用线凿配合锤击,恢复筋线线型,如图1-6-06所示。

操作要点:
- 适当的锤击力度。
- 背面衬托的位置准确、力量适当、方向正确。
- 维修过程中,随时检查筋线线型恢复程度。

是否掌握:□是 □否(自评)
是否掌握:□是 □否(互评)

反复虚敲,至凹陷部位较平顺,用目测和手触法检查板件表面,以基本符合原板件形状为准。

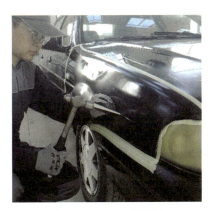

图1-6-06 筋线塑型

步骤5 精修整平

同本项目任务5,车身锉检查,如图1-6-07所示,标记高低点如图1-6-08所示。

图1-6-07 车身锉检查　　图1-6-08 标记高低点

车身锉使用是否正确:□是 □否 原因_____
锉削纹路是否一致:□是 □否 原因_____
锉削力度控制是否合理:□是 □否 原因_____

1-39

步骤 6 维修质量检验

用仿形尺、样规或钢板尺检测,必要时可配合间隙规辅助检验,如图 1-6-09 所示。

图 1-6-09 高低点检查

维修质量标准:
- 不允许存在高点(宁低勿高)。
- 较原板面低 0~2mm(实际数值参照维修手册要求)。
- 按压检查,板面无松鼓现象。
- 使用锉刀轻锉表面,锉痕线不间断没有明显凹坑。
- 恢复筋线形状。

步骤 7 表面处理

同本项目任务 5。标记打磨范围,如图 1-6-10 所示;打磨羽状边,如图 1-6-11 所示;最后清洁板件,如图 1-6-12 所示。

图 1-6-10 标记打磨范围

图 1-6-11 打磨羽状边

是否完全清除损伤区旧漆膜:□是 □否 原因_____
打磨机型号_____ 砂纸型号_____
清洁时是否佩戴防溶剂手套:□是 □否 原因_____
是否执行 7S 管理:□是 □否 原因_____

图 1-6-12 清洁板件

步骤 8 **工序交接**

同本项目任务 5 步骤 8。

是否完成自检：□是　□否　原因_____
是否完成复检：□是　□否　原因_____
是否执行7S管理：□是　□否　原因_____
是否完成工序交接：□是　□否　原因_____

步骤 9 **防腐作业、安装附件、通电试车**

同本项目任务 5。

是否完成防腐作业：□是　□否　原因_____
防腐材料：_____　施工方式_____
是否佩戴防溶剂手套：□是　□否　原因_____
是否佩戴活性炭面具：□是　□否　原因_____
是否完成附件安装：□是　□否　原因_____
安装附件：_____　使用工具_____
是否完成通电试车：□是　□否　原因_____

步骤 10 **终检、交车**

同本项目任务 5。

钣金组长是否完成自检并填写完工时间：□是　□否　原因_____
钣喷主管是否完成复检并签字：□是　□否　原因_____
是否执行7S管理：□是　□否　原因_____
是否将车辆交接给服务顾问：□是　□否　原因_____

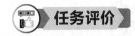 任务评价

1. 过程评价

序号	评价内容	评价结果	存在的问题及分析解决
1	按时到岗、开工、完成	□是 □否	
2	安全防护齐备	□是 □否	
3	查验维修工单	□是 □否	
4	三不落地	□是 □否	
5	车辆防护齐备	□是 □否	
6	设备工具的使用	□正确 □错误	
7	维修工艺步骤	□正确 □错误	
8	耗材使用	□合理 □不合理	
9	操作规范	□是 □否	
10	自检互检	□是 □否	
11	工序交接	□是 □否	
12	7S管理	□执行 □未执行	

2. 质量评价

序号	评价内容	评价结果	存在的问题及分析解决
1	漆膜清除质量	□合格 □不合格	
2	板面修复质量	□合格 □不合格	
3	修复区平整度	□合格 □不合格	
4	修复区打磨质量	□合格 □不合格	

3. 绩效评价

序号	评价内容	评价结果	存在的问题及分析解决
1	物料消耗	□合理 □浪费	
2	设备使用	□完好 □损坏	
3	工具使用	□完好 □损坏	
4	完成时间	□按时 □超时	
5	应急处置	□正确 □错误	

拓展任务 1　裁切和弯折钢板

学习目标

1. 能合理选择和使用工具。
2. 能按要求裁切、弯折钢板,形状符合图纸要求。

学习提示

裁切和弯折钢板均是车身钣金维修工作的基础工艺和基本技能。通过本任务的学习和训练,掌握钢板的性能和钣金维修工作特点,提高维修工作质量和效率。

学习内容

一　裁切钢板

1. 目的

通过剪切、錾切等方式裁切钢板,使之符合使用要求。

2. 工具

錾、铁皮剪、钢板尺、划针、划规、平台等。

3. 训练：钢板裁切

训练目的	训练錾、铁皮剪等钣金工具的用法和钢板划线裁切的基本方法
训练物料准备	薄钢板(厚度 1 mm)、球头锤、钣金锤、砧台、平台、钢板尺等
训练方法	用錾在整张钢板中裁取长宽为 200 mm×200 mm 的钢板,并修剪钢板
安全风险预估	□割伤　□刺伤　□砸伤　□其他_____
完成时间预估	
训练步骤和要求	1. 检查工位、工具和物料,穿戴好安全防护用品(工作帽、工作服、安全鞋、棉线手套、耳塞、护目镜);检查工具性能,检查钢板厚度和质量,检查工位准备; 2. 钢板划线。佩戴手套,用钢板尺和划针在钢板上划线,为确保尺寸要求,划线时留适当余量;

（续表）

	3. 用錾配合球头锤沿裁切线錾切钢板；   4. 修剪钢板，消除毛刺，使边缘基本平顺；   5. 检查测量。检查测量钢板长宽尺寸； 6. 贯彻执行7S管理规定
注意事项	正确佩戴安全防护用品，做好劳动保护，避免砸伤、割伤等事故

● 评价反馈

序号	评价内容	评价结果	存在的问题及分析解决
1	安全防护齐备	□是　□否	
2	锤和錾的选用	□正确　□错误	
3	划线操作	□正确　□错误	
4	錾切过程	□正确　□错误	
5	钢板修剪	□正确　□错误	
6	钢板尺寸	□合格　□不合格	
7	工具使用	□完好　□损坏	
8	完成时间	□按时　□超时	
9	完成质量	□良好　□较差	
10	应急处置	□正确　□错误	
11	7S管理	□执行　□未执行	

学习内容

二　弯折钢板

1. 目的

弯折加工钢板，将尺寸误差控制在技术标准范围内。

2. 工具

薄钢板（厚度1 mm）、球头锤、木锤、钣金锤、砧台、平台、大力钳、钢板尺、划针、线凿等。

3. 训练：钢板弯折

训练目的	训练对线凿等钣金工具的用和钢板弯折造型的基本方法
训练物料准备	薄钢板（厚度1 mm）、球头锤、木锤、钣金锤、砧台、平台、大力钳、钢板尺、划针、线凿
训练方法	用钢板尺和划针对钢板划线，用线凿弯折加工钢板（加工形状和尺寸可班组集体讨论确定，建议由易到难）
安全风险预估	□割伤　□刺伤　□砸伤　□其他_____
时间预估	
训练步骤和要求	1. 检查工位、工具和物料，穿戴好安全防护用品（工作帽、工作服、安全鞋、棉线手套、耳塞、护目镜）； 2. 钢板划线。佩戴手套，用钢板尺在钢板上划线，为确保尺寸要求，划线时留适当余量； 3. 钢板弯折。用线凿配合球头锤沿划线弯折钢板； 4. 用锉刀去除毛刺，用锤修整； 5. 检查测量。检查测量造型尺寸； 6. 贯彻执行7S管理规定
注意事项	正确佩戴劳保用品，做好劳动保护，避免砸伤、割伤等事故

● 评价反馈

序号	评价内容	评价结果	存在的问题及分析解决
1	安全防护齐备	□是　□否	
2	锤和线凿的选用	□正确　□错误	
3	划线	□正确　□错误	
4	弯折过程	□正确　□错误	
5	钢板修整	□正确　□错误	
6	造型尺寸	□合格　□不合格	
7	工具使用	□完好　□损坏	
8	完成时间	□按时　□超时	
9	完成质量	□良好　□较差	
10	应急处置	□正确　□错误	
11	7S管理	□执行　□未执行	

拓展任务2　展平和收缩钢板

● 学习目标

1. 能合理选择和使用工具。
2. 能独立分析钢板受力状态，完成展平或收缩。

● 学习提示

展平和收缩钢板均是车身钣金维修工作的基础工艺和基本技能。通过本任务的学习和训练，能够掌握钢板的性能和钣金维修工作特点，提高维修工作质量和效率。

● 学习内容

一　展平钢板

1. 目的

对收缩、拉紧、变形的钢板，通过锤击延展、整平，改变形状，将尺寸和位置误差控制在技术标准范围内，如图2-1所示。

2. 工具

钣金锤、砧台等。

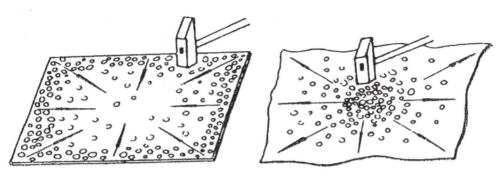

图 2-1 延展、整平

3. 训练：钢板展平

训练目的	训练对钢板变形的检查和受力状态分析,以及通过锤击逐渐消释应力将板件展平的方法,熟练掌握锤击方法在板件展平中的用法
训练物料准备	薄钢板(厚度 1 mm,长宽为 200 mm×200 mm)、木锤、钣金锤、砧台、平台、大力钳、钢板尺
训练方法	用锤展平变形的钢板
安全风险预估	□割伤　□刺伤　□砸伤　□其他_____
时间预估	
训练步骤和要求	1. 检查工位、工具和物料,穿戴好安全防护用品(工作帽、工作服、安全鞋、棉线手套、耳塞、护目镜); 2. 制作损伤。佩戴手套,用大力钳夹紧钢板,用锤对钢板中心敲击,制造有延展的凹陷损伤; 3. 敲击粗整。在砧台上对钢板粗整修复,使表面基本平顺; 4. 检查板件受力状态。手持钢板检查或在砧台上检查钢板翘曲和松鼓状况,判断板件各区域受力状态和应力分布情况;

(续表)

	5. 消释应力。在砧台上对钢板（正反面）反复敲击，逐步改善钢板应力分布，减轻翘曲和松鼓状况； 6. 用平台检验平整度： (1) 将钢板在平台立起后轻轻松开，让钢板自由落下，根据声音判断平整效果。 (2) 将钢板置于平台，按住相邻两个角，再依次按压检查剩余两个角，根据翘曲情况判断平整效果。 (3) 将钢板置于平台，按压中间，根据松鼓情况判断平整效果。 7. 钢板修整和检测。根据检查情况再次对钢板修整，待平整后，检查测量钢板长度和整体延展量； 8. 贯彻执行7S管理规定
注意事项	正确佩戴劳保用品，做好劳动保护，避免砸伤、割伤等事故

● 评价反馈

序号	评价内容	评价结果	存在的问题及分析解决
1	安全防护齐备	□是　□否	
2	锤的选用	□正确　□错误	
3	判断板件状态	□能　□否	
4	粗整过程	□正确　□错误	
5	判断钢板受力状态	□能　□否	
6	锤击消除应力	□正确　□错误	
7	检查平整度	□正确　□错误	
8	工具使用	□完好　□损坏	
9	完成时间	□按时　□超时	
10	完成质量	□良好　□较差	
11	应急处置	□正确　□错误	
12	7S管理	□执行　□未执行	

● 学习内容

二　收缩钢板

1. 目的

对延展、膨胀、松鼓的钢板收缩，改变钢板的形状，将尺寸和位置误差控制在技术标准范围内。

2. 工具

吹尘枪、锤、顶铁、砧台、热源。

3. 训练：钢板收缩

训练目的	训练对钢板松鼓变形的检查和受力状态分析，以及通过铰缩和热收缩方式将板件收缩的方法，熟练使用相关工具设备
训练物料准备	薄钢板（厚度1 mm）和薄钢板制工件，将球头锤、木锤、钣金锤、砧台、平台、大力钳、钢板尺、划针、线凿、台虎钳、铰缩钳、吹尘枪、湿抹布
训练方法	用钢板铰缩工艺和热收缩工艺将松鼓变形的钢板收缩
安全风险预估	□烧烫伤　□砸伤　□其他_____
时间预估	
训练步骤和要求	1. 检查工位、工具和物料，穿戴好安全防护用品（工作帽、工作服、安全鞋、棉线手套、耳塞、护目镜）。 2. 铰缩训练： （1）钢板剪切　钢板划线并用铁皮剪将钢板裁切成适当尺寸（可裁切为100 mm×200 mm规格）。 （2）钢板弯折　在钢板窄边取中划线，用线凿在中心线对钢板折边，呈90°角。 （3）铰缩　对钢板铰缩，使钢板均匀弯曲，呈半圆形状。 3. 热收缩训练（选做）： （1）制作损伤　佩戴手套，用锤对钢板中央区域敲击，制造有延展的凹陷损伤。 （2）敲击粗整　用锤对钢板粗整修复，使表面基本平顺后保留中部松鼓状态。 （3）加热收缩　将钢板牢固夹持在台虎钳上，用火焰加热松鼓中心区域，迅速手持锤和顶铁将红热区域敲平，用湿抹布或吹尘枪迅速冷却。 （4）判断热收缩效果　在砧台上检查钢板弯曲、翘曲和松鼓状况，判断板件各区域受力状态和应力分布情况，若仍有松鼓，继续加热收缩。 4. 消释应力： 在砧台上对钢板（正反面）的反复敲击，逐步改善钢板应力分布，减轻翘曲变形。 5. 钢板修整和检测： 检查钢板平整情况，对钢板修整，待平整后，检查测量钢板尺寸变化和整体延展变化。 6. 贯彻执行7S管理规定
注意事项	正确佩戴劳保用品，做好劳动保护，谨慎用热源，避免烧烫伤等事故

● 评价反馈

序号	评价内容	评价结果		存在的问题及分析解决
1	安全防护齐备	□是	□否	
2	锤的选用	□正确	□错误	
3	判断板件状态	□能	□否	
4	粗整过程	□正确	□错误	
5	判断钢板受力状态	□能	□否	
6	锤击消除应力	□正确	□错误	
7	平整度的检查	□正确	□错误	
8	工具使用	□完好	□损坏	
9	完成时间	□按时	□超时	
10	完成质量	□良好	□较差	
11	应急处置	□正确	□错误	
12	7S管理	□执行	□未执行	

项目二

【汽车车身外板件修复技术】

修复车门

项目介绍

修复车门是事故车维修中的典型工作内容,因车门为双层结构,通常使用车身外形修复机修复,可极大提高维修工作效率。本项目主要介绍车身外形修复机和快修系统的使用、拉拔和缩火作业、车门凹陷和折损的修复工艺、板件维修质量检验方法等内容。

通过本项目技能训练及相关知识学习,掌握车门损伤维修技能,能根据车门损伤状况选用合适的模式、工具与工艺,熟练操作车身外形修复机拉拔修复、缩火处理,修复车门凹陷和折痕损伤。

学习导航

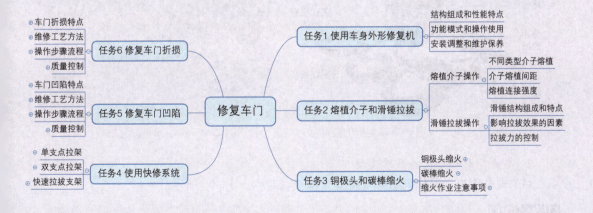

任务 1　使用车身外形修复机

学习目标

1. 能描述车身外形修复机的工作原理、结构组成。
2. 能根据工作需要正确选择模式,熟练操作车身外形修复机。
3. 培养安全防护意识、团队协作意识,和严谨细致、认真负责的工作态度。

学习提示

车身外形修复机也称为整形机或介子机,是汽车钣金维修常用设备,主要用于修复车身外板件各类损伤,尤其适用于手工具难以修复的损伤。通过本任务的学习,了解车身外形修复机的工作原理、结构组成、安装调试等,熟练掌握三角片、圆垫圈、波纹介子焊接和铜极头缩火等 7 种不同模式的功能和使用。

知识链接
介子焊接原理

学习内容

1. **车身外形修复机的组成**

车身外形修复机(整形机、介子机)结构组成如图 2-1-01 所示。介子是其必备的耗材,常见介子如图 2-1-02 所示。

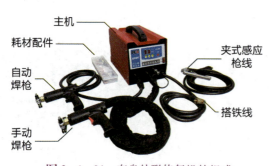

图 2-1-01　车身外形修复机的组成

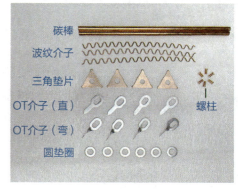

图 2-1-02　车身修复机耗材

2. **车身外形修复机的线路连接**

（1）安全检查　操作前做好设备安全检查,如图 2-1-03 所示。

2-1-01
修复机电源安装

检查电线是否有破损处：□是　□否
个人防护用品是否正确穿戴：□是　□否
接线是否安装到位：□是　□否
是否掌握：□是　□否（自评）
是否掌握：□是　□否（互评）

（2）查看铭牌　查看车身外形修复机铭牌，确认电源电压，连接电源线，如图2-1-04所示。

图2-1-03　检查设备　　　　　　　　图2-1-04　查看铭牌

是否正确穿戴防护用品：□是　□否　原因_____
是否查看设备型号：□是　□否　原因_____
是否正确安装电源线：□是　□否　原因_____
是否清楚工作内容：□是　□否　原因_____

注意　设备要可靠接地，电源线接空气开关，禁用插排连接。

（3）连接搭铁　开机前，分开搭铁和焊枪，选择三角片焊接模式，调整电流至合适挡位。控制面板如图2-1-05所示。

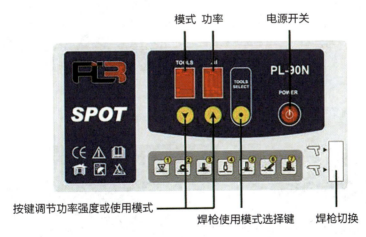

图2-1-05　控制面板

① 夹持式搭铁连接：只需夹在面板裸金属处或者介子即可，如图2-1-06所示。
② 焊接式搭铁：连接及取下搭铁方式如图2-1-07所示。
③ 强磁式搭铁：使用及取下方法如图2-1-08所示。

图2-1-06 夹持式搭铁

图2-1-07 焊接式搭铁

图2-1-08 强磁式搭铁

3. 操作步骤和方法

穿戴好个人防护用品（工作帽、工作服、安全鞋、棉线手套、耳塞或耳罩、护目镜、活性炭面具、防护面罩）。

（1）三角片模式　单点拉拔时，选用此功能。操作步骤和方法：

① 检查三角片，去除氧化层，如图2-1-09所示。

2-1-02
强磁式搭铁连接

2-1-03
焊接式搭铁连接

2-1-04
角片模式选择

图2-1-09 去除氧化层

② 安装点焊滑锤，拧紧锁扣，如图2-1-10所示。

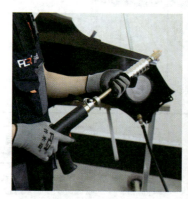

图2-1-10 安装滑锤

③ 选择模式1,电流从最低挡逐步调高,试焊,如图2-1-11所示。

满足所需拉拔力前提下,选择最小电流挡位。
试焊选定的挡位是:_____

2-1-05
调试电流

④ 将三角片抵住拉拔位置,通电焊接,如图2-1-12所示。注意,操作中不应产生如图2-1-13所示火花,否则会导致图2-1-14所示的烧蚀。

图2-1-11　调整电流

图2-1-12　通电焊接

图2-1-13　操作不当产生火花

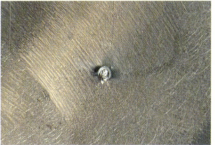
图2-1-14　火花烧蚀

⑤ 拉拔操作后,旋扭取下滑锤。

操作要点:

- 正确穿戴防护用品。
- 须除净漆膜。
- 选择合适电流,避免拉拔出孔洞。
- 焊接时要抵住压实板件。
- 拉拔时,注意避免滑锤夹手。
- 点焊滑锤应垂直拉拔。
- 不要把手置于维修焊点处,避免烫伤。

是否掌握:□是　□否(自评)
是否掌握:□是　□否(互评)

（2）圆垫圈模式　多点拉拔时，选择此功能。可使用圆垫圈介子或 OT 介子。操作步骤与方法：

① 安装介子焊枪头，锁紧，如图 2-1-15 所示。

图 2-1-15　安装介子焊枪头

② 选择模式 2，电流从最低挡逐步调高，试焊。

满足所需拉拔力前提下，选择最小电流挡位。
试焊选定的挡位是：_____

③ 将圆垫圈焊接在板件表面上，如图 2-1-16 所示。

图 2-1-16　焊接圆垫圈

或选取合格介子，如图 2-1-17，同样方法焊接到板件表面上，如图 2-1-18 所示。

2-1-06
焊接圆垫圈介子

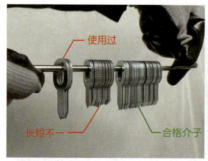

图 2-1-17　选取 OT 介子　　图 2-1-18　焊接 OT 介子

注意 垫圈或介子要焊接在同一直线上,方便穿入L形拉杆,如图2-1-19所示。

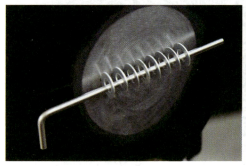
(a) 圆垫圈

(b) OT介子

图2-1-19 穿入L形拉杆

④ 拉拔操作后,旋扭取下圆垫圈或OT介子,如图2-1-20所示。

2-1-07
取下圆垫圈介子

操作要点:
- 正确穿戴防护用品。
- 选择合适的圆垫圈或OT介子。
- 选择合适的电流,避免拉拔出孔洞。
- 焊接时要抵住压实板件。
- 圆垫圈焊接成直线,间距8~10mm。
- OT介子焊接间距可根据损伤状况调整。
- 不要把手置于维修焊点处,避免烫伤。

是否掌握:□是　□否(自评)
是否掌握:□是　□否(互评)

图2-1-20 旋扭取下介子

	圆垫圈介子	OT介子
使用特点		
使用范围		

(3) 波纹介子模式　拉拔复杂形状筋线或较大面积凹陷,选用此功能。操作步骤与方法:
① 检查焊枪头,去除氧化层。
② 安装焊枪头,锁紧,如图2-1-21所示。

图 2-1-21　安装波纹介子焊枪头

③ 选择模式 3,电流从最低挡逐步调高,试焊。

满足所需拉拔力前提下,选择最小电流挡位。试焊选定的挡位是:_____

④ 用焊枪头抵住波纹介子,通电焊接,如图 2-1-22 所示。
⑤ 拉拔后取下波纹介子,如图 2-1-23 所示。

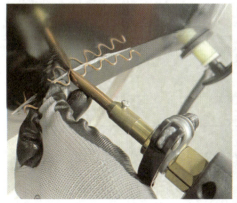 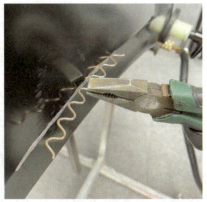

图 2-1-22　焊接波纹介子　　　图 2-1-23　取下波纹介子

操作要点：
- 正确穿戴防护用品。
- 焊接时要抵住压实板件。
- 焊枪头不要触碰波纹介子弧底左右两侧。

是否掌握：□是　□否（自评）
是否掌握：□是　□否（互评）

2-1-08
焊接波纹介子

（4）铜极头缩火模式　消除钢板拉拔高点或局部缩火时，选用此功能。操作步骤与方法：

① 将枪线夹在铜极头上端环槽处，如图2-1-24所示。

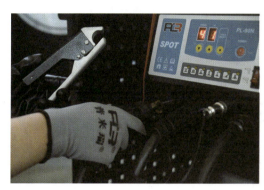

图 2-1-24　安装铜极头

② 选择模式4，电流从最低挡逐步调高，试缩火。

满足所需拉拔力前提下，选择最小电流挡位。试焊选定的挡位是：_____

③ 对准高点、压实，通电缩火后，迅速用吹尘枪降温，如图2-1-25所示。缩火后效果如图2-1-26所示。

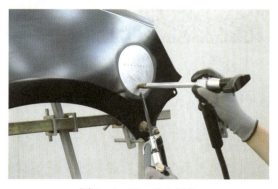

图 2-1-25　缩火操作

2-9

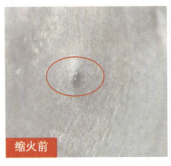

图2-1-26 缩火效果对比

操作要点：
- 正确穿戴防护用品。
- 正确使用吹尘枪。
- 操作完成要妥善放置,避免高温危害。

是否掌握：□是　□否（自评）

是否掌握：□是　□否（互评）

（5）单面点焊　对焊接强度要求不高、不需要双面点焊时,可选用此功能。操作步骤与方法：

① 用砂纸打磨点焊枪头,打磨并清洁焊件。

② 安装点焊枪头,拧紧锁扣,安装步骤如图2-1-27所示。

图2-1-27　安装单面点焊枪头

③ 戴好防护面罩,选择模式5,电流从最低挡逐步调高,试焊。

满足所需焊接强度前提下,选择最小电流挡位。试焊选定的挡位是：_____

④ 焊接钢片,如图2-1-28,单面点焊焊接,效果如图2-1-29所示。

图 2-1-28　单面点焊焊接　　　　　图 2-1-29　单面点焊效果

操作要点：
- 正确穿戴防护用品。
- 结合面喷锌（铜）喷剂。
- 对准焊接点、用力压实。

是否掌握：□是　□否（自评）
是否掌握：□是　□否（互评）

2-1-09
取下波纹介子

（6）碳棒缩火　板件出现松鼓时，可选用此功能。操作步骤与方法：
① 选取适当长度的碳棒（建议 50～80 mm），前端打磨成半圆形，如图 2-1-30 所示。
② 安装焊枪头，锁扣，将碳棒插入焊枪头，紧固螺丝，如图 2-1-31 所示。

 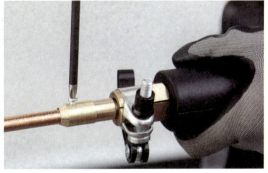

图 2-1-30　碳棒前端形状　　　　　图 2-1-31　固定碳棒

③ 选择模式 6，电流从最低挡逐步调高，试缩火，如图 2-1-32 所示。

满足缩火效果前提下，选择适当电流挡位，避免严重烧蚀或发热影响范围过大。
缩火选定的挡位是：_____

操作要点:
- 正确穿戴防护用品。
- 禁止缩火操作时间过长,以免损坏设备。
- 缩火范围尽量控制在直径25 mm内。
- 建议碳棒与板面夹角30°~60°。
- 碳棒不要在同一位置停留过久,以免烧蚀板件。
- 妥善放置碳棒,避免高温危害。

是否掌握：□是　□否(自评)
是否掌握：□是　□否(互评)

图2-1-32　缩火操作

(7) 螺柱焊接　需要焊接螺柱时(如固定发动机罩隔音棉、捆绑线束、固定翼子板内衬),选用此功能。操作步骤与方法:

① 安装焊枪头,锁扣,如图2-1-33所示。将螺柱插入焊枪头,如图2-1-34所示。

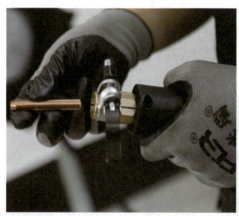

图2-1-33　安装螺柱焊枪头

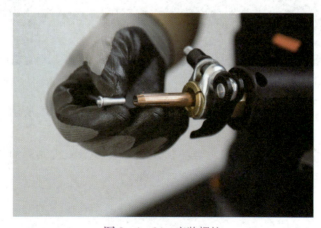

图2-1-34　安装螺柱

② 打磨并清洁螺柱焊接位置。
③ 戴好防护面罩,选择模式 7,从最低挡逐步调高,试焊。

满足螺柱焊接强度的前提下,选择最小电流挡位。试焊选定的挡位是:_____

④ 将焊枪头抵住螺柱,用力压实,通电焊接,如图 2-1-35 所示,焊接效果如图 2-1-36 所示。

图 2-1-35 焊接螺柱

图 2-1-36 螺柱焊接效果

操作要点:
- 正确穿戴防护用品。
- 螺柱焊接需垂直,用力压实,以免焊接不牢。

是否掌握:□是　□否(自评)
是否掌握:□是　□否(互评)

评价反馈

序号	评价内容	评价结果	存在的问题及分析解决
1	按时到岗、完成训练	□是　□否	
2	安全防护齐备	□是　□否	
3	用电安全	□是　□否	
4	三不落地	□是　□否	
5	设备工具的选用	□正确　□错误	
6	耗材使用	□合理　□不合理	
7	施工操作	□规范　□错误	
8	自检互检	□是　□否	
9	7S 管理	□执行　□未执行	

任务 2　熔植介子和滑锤拉拔

学习目标

1. 能描述滑锤结构组成。
2. 能熟练熔植介子并操作滑锤单点和多点拉拔。
3. 培养安全意识、效率意识,和严谨细致、认真负责的工作态度。

学习提示

凹陷是车身板件最常见的损伤类型,熔植介子和滑锤拉拔作业是修复凹陷损伤的常用方法。熔植介子时,要注意搭铁位置和电流选择;滑锤拉拔时,要控制拉拔力大小,避免造成板件延展。

学习内容

1. 滑锤结构

常用滑锤如图 2-2-01 所示。

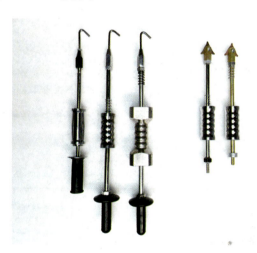

图 2-2-01　滑锤

（1）钩式滑锤　用于多点拉拔,结构如图 2-2-02 所示。

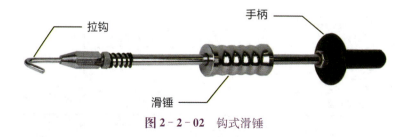

图 2-2-02　钩式滑锤

(2) 点焊滑锤　用于单点拉拔,结构如下图 2-2-03 所示。

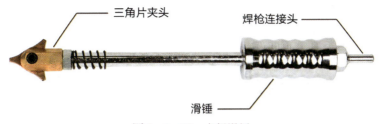

图 2-2-03　点焊滑锤

2. 多点拉拔

多点拉拔适用于板件凹陷损伤的粗修整形。操作步骤和方法如下:

(1) 打磨、清洁板件　如图 2-2-04 所示。

图 2-2-04　打磨、清洁

2-2-01
多点拉拔

操作要点:
- 正确穿戴防护用品。
- 控制熔植介子区域的打磨范围。

是否掌握:□是　□否(自评)
是否掌握:□是　□否(互评)

(2) 熔植介子　如图 2-2-05 所示。

操作要点:
- 通过辅助线确保介子熔植位置准确。
- 熔植介子的密度与损伤区域所承受拉拔力的大小相匹配。
- 根据损伤程度调整介子间距疏密。

是否掌握:□是　□否(自评)
是否掌握:□是　□否(互评)

图 2-2-05　熔植介子

图 2-2-06 多点拉拔

(3) 拉拔操作 如图 2-2-06 所示。

操作要点：
- 根据损伤状况选用适当质量的滑锤。
- 拉拔力大小取决于滑锤质量和滑动速度。
- 每次拉拔后及时消除应力。
- 随修随检。

是否掌握：□是 □否（自评）
是否掌握：□是 □否（互评）

图 2-2-07 打磨焊疤

(4) 打磨焊疤 如图 2-2-07 所示。

操作要点：
- 控制焊疤打磨范围。
- 避免在同一焊疤处长时间打磨。

是否掌握：□是 □否（自评）
是否掌握：□是 □否（互评）

图 2-2-08 尺量评估

(5) 质量检查 用钢直尺测量评估，如图 2-2-08 所示。

质量检查标准：
- 无松鼓。
- 无氧化层。
- 尺寸符合要求（0～-3 mm）。

3. 单点拉拔

单点拉拔主要适用于板件凹陷损伤的精修整平。操作步骤和方法：

(1) 打磨、清洁板件 如图 2-2-09 所示。

2-2-02
清除旧漆膜

图 2-2-09 打磨清洁

操作要点：
- 正确穿戴防护用品。
- 控制熔植介子区域的打磨范围。

是否掌握：□是　□否（自评）
是否掌握：□是　□否（互评）

2-2-03
单点拉拔

（2）焊接三角片　如图2-2-10，焊接三角片。

操作要点：
- 根据损伤状况确定拉拔点的先后顺序，由外而内。
- 双手操作，确保三角片焊接位置准确。

是否掌握：□是　□否（自评）
是否掌握：□是　□否（互评）

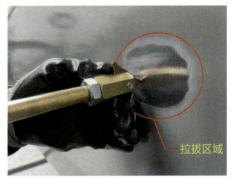
图2-2-10　熔植介子

（3）拉拔操作　拉拔操作如图2-2-11所示。

图2-2-11　拉拔操作

操作要点：
- 拉凹打凸。
- 滑锤冲击拉拔主要修复拉拔点，冲力过大会形成高点。
- 持续拉拔，更适合修复损伤较小、凹陷较浅等应力不大的损伤区域。
- 每次拉拔后及时消除应力。
- 随修随检。

是否掌握：□是　□否（自评）
是否掌握：□是　□否（互评）

拉拔效果对比总结

	持续拉拔	冲击拉拔	拉拔配合敲击
适用损伤			
拉拔效果			

图 2-2-12 打磨焊疤

(4) 打磨焊疤　如图 2-2-12 所示。

操作要点：
- 控制焊疤打磨范围。
- 避免在同一焊疤处长时间打磨。

　　　　是否掌握：□是　□否（自评）
　　　　是否掌握：□是　□否（互评）

(5) 质量检查　如图 2-2-13 所示，用钢直尺测量评估。

质量检查标准：
- 无松鼓。
- 无氧化层。
- 尺寸符合要求（0～-3 mm）。

4. 常见问题

(1) 介子脱落　如图 2-2-14 所示，原因分析：

图 2-2-13　尺量评估

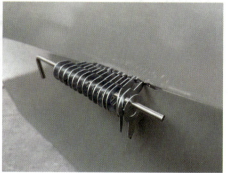

图 2-2-14　介子脱落

原因	成因分析
焊接不良 拉拔力过大	□电流选择不当　□打磨不彻底　□清洁不彻底　□介子端头烧蚀 □介子长度不一　□压实力过大　□介子熔植不整齐 □其他_____

（2）孔洞　操作不当会造成孔洞，如图 2-2-15 所示。原因分析：

原因	成因分析
焊接不良 拉拔力过大	□电流过大　□拉拔力过大　□火花烧蚀　□摘除介子方式不当 □过度打磨　其他＿＿＿＿＿＿＿＿＿＿

（3）凸点　操作不当会造成凸点，如图 2-2-16 所示。原因分析：

原因	成因分析
焊接不良 拉拔力过大	□滑锤质量过大　□滑锤滑速度过快　□板件过薄 其他＿＿＿＿＿＿＿＿＿＿

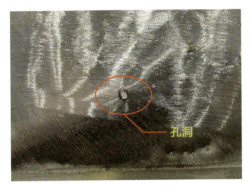

图 2-2-15　孔洞

图 2-2-16　凸点

5. 训练

目的	熟练焊接圆垫圈、OT 介子
设备工具	车身外形修复机、打磨机或砂带机、钣金锤、钢板尺、划针
耗材	圆垫圈、OT 介子，车身板件
内容	在车身板件上划线，并焊接圆垫圈和 OT 介子
时间预估	
步骤和要求	1. 检查工位、工具和物料，穿戴好安全防护用品（工作帽、工作服、安全鞋、棉线手套、防尘口罩、耳塞、护目镜）； 2. 在板面用钢板尺和划针划线，长度 100 mm； 3. 选清洁、规格相同的介子； 4. 调模式、电流挡位，试焊； 5. 熔植介子：间距 10 mm； 6. 训练要求： 　● 焊接点在划线上　● 无孔洞 　● 间距均匀　● 无焊接不牢 　● 无火花飞溅 7. 质量检查； 8. 执行 7S 现场管理
注意事项	正确佩戴个人防护用品，避免出现砸伤、割伤、划伤、灼伤等事故

评价反馈

序号	评价内容	评价结果	存在的问题及分析解决
1	按时到岗、完成训练	□是 □否	
2	安全防护齐备	□是 □否	
3	用电安全	□是 □否	
4	三不落地	□是 □否	
5	设备工具的选用	□正确 □错误	
6	耗材使用	□合理 □不合理	
7	施工操作	□规范 □错误	
8	自检互检	□是 □否	
9	7S管理	□执行 □未执行	

小知识　吸盘修复

任务3　铜极头和碳棒缩火

学习目标

1. 能熟练完成铜极头缩火及碳棒缩火作业。
2. 能确保安全规范操作。
3. 培养安全意识、效率意识,和严谨细致、认真负责的工作态度。

学习提示

车身板件损伤常导致塑性变形。维修工作造成板件延展,常出现松鼓现象。缩火作业可使延展的金属收缩,是解决松鼓问题的常用方法。

缩火时碳棒、铜极头及板件温度较高,务必做好安全防护,注意操作安全。

知识链接　缩火原理

学习内容

一 碳棒缩火

碳棒缩火适用于松鼓面积较大的板件。操作步骤和方法如下。

1. 检查松鼓

检查松鼓,如图 2-3-01 所示。

操作要点:

- 板件松鼓检查前,板面须修整平顺。
- 按压板件(双向按压或拍打凹陷周边),确定松鼓范围,找出最高点。

2-3-01
检查松鼓

是否掌握:□是　□否(自评)

是否掌握:□是　□否(互评)

2. 缩火操作

(1)试缩火　选择车身外形修复机的碳棒缩火模式(模式 6),电流从最低挡逐步调高试缩火,如图 2-3-02 所示。

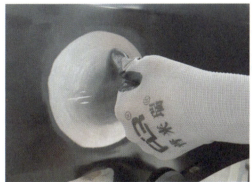

图 2-3-01　检查松鼓

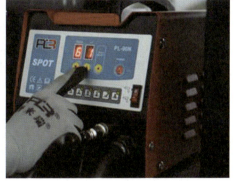

图 2-3-02　调整电流

(2)用碳棒加热板件　用热板件,如图 2-3-03 所示。缩火效果如图 2-3-04 所示。

图 2-3-03　碳棒缩火

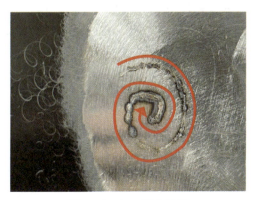

图 2-3-04　缩火效果

2-3-02
冷却收缩

操作要点：

- 将松鼓部位先调整至向外凸起。
- 选择最高点作为缩火中心。
- 碳棒与钢板保持适当夹角（建议30°~60°）。
- 碳棒与钢板始终保持良好接触。
- 控制加热范围和时间，避免热影响区过大。
- 由外向内螺旋式移动碳棒。
- 碳棒不要在同一位置停留过久，以免烧蚀板件。

是否掌握：□是　□否（自评）
是否掌握：□是　□否（互评）

(3) 用吹尘枪冷却　冷却板件如图2-3-05所示。

操作要点：

- 加热结束，迅速冷却板件。
- 板件冷却后，及时冷却碳棒。

是否掌握：□是　□否（自评）
是否掌握：□是　□否（互评）

(4) 敲击整平，缓释应力　锤击整平，如图2-3-06所示。

操作要点：

- 控制敲击力度，避免产生新的变形。
- 酌情配合顶铁或撬顶工具。
- 检查收缩和整平效果，若仍有松鼓需继续缩火。

是否掌握：□是　□否（自评）
是否掌握：□是　□否（互评）

图2-3-05　冷却

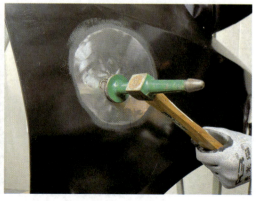

图2-3-06　板件整平

3. 打磨缩火痕迹
用打磨机打磨缩火痕迹,如图2-3-07所示。

4. 质量检查
用直尺检查评估,如图2-3-08所示。

图2-3-07 打磨痕迹　　　　图2-3-08 尺量评估

质量检查标准:
- 无松鼓。
- 无氧化层。
- 尺寸符合要求(0~-3 mm)。

2-3-03
缩火后检查

学习内容

二　铜极头缩火

铜极头缩火适用于松鼓范围较小的板件或板件高点,操作步骤和方法:

1. 检查松鼓
检查松鼓,找到最高点,如图2-3-09所示。

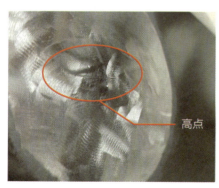

图2-3-09 高点

操作要点:
- 板件松鼓检查前,板面须修整平顺。
- 按压板件(双向按压或拍打凹陷周边),确定松鼓范围,找出最高点。
- 找出拉拔操作造成的高点。

是否掌握:□是　□否(自评)
是否掌握:□是　□否(互评)

2. 缩火操作
(1)试缩火　选择车身外形修复机的铜级头缩火模式(模式4),电流从最低挡逐步调高试缩火。

(2) 用铜极头加热板件 加热板件,如图 2-3-10 所示。

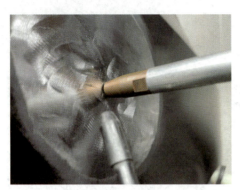

图 2-3-10 铜极头缩火

操作要点:
- 若是小范围松鼓,将松鼓部位先调整至向外凸起。
- 铜极头对准最高点,与板件垂直、压实并保持一段时间。
- 缩火后,迅速用吹尘枪冷却。

是否掌握: □是 □否(自评)
是否掌握: □是 □否(互评)

(3) 敲击整平,缓释应力 相同方法敲击整平。

3. 打磨缩火痕迹

打磨缩火痕迹,如图 2-3-11 所示。

4. 质量检查

质量检查标准:
- 无松鼓。
- 无氧化层。
- 尺寸符合要求(0~-3mm)。

图 2-3-11 打磨痕迹

5. 训练

目的	能熟练使用碳棒、铜极头缩火
设备工具	车身外形修复机、钣金锤、吹尘枪
耗材	碳棒,铜极头,车身板件
内容	在车身板件松鼓位置缩火
时间预估	
步骤和要求	1. 检查工位、工具和物料,穿戴好安全防护用品(工作帽、工作服、安全鞋、棉线手套、防尘口罩、耳塞、护目镜、防护面罩)。 2. 检查松鼓。 3. 缩火操作。 4. 打磨缩火痕迹。 5. 质量要求: • 板件平整 • 无高点 • 无松鼓现象 • 无缩火氧化层 6. 若板件上存在多处松鼓,需根据各处松鼓程度,逐步修复。 7. 质量检查。 8. 执行7S现场管理
注意事项	正确佩戴个人防护用品,避免出现砸伤、割伤、划伤、灼伤等事故

● 评价反馈

序号	评价内容	评价结果	存在的问题及分析解决
1	按时到岗、完成训练	□是 □否	
2	安全防护齐备	□是 □否	
3	用电安全	□是 □否	
4	三不落地	□是 □否	
5	设备工具的选用	□正确 □错误	
6	耗材使用	□正确 □错误	
7	施工操作	□规范 □错误	
8	自检互检	□是 □否	
9	7S管理	□执行 □未执行	

任务 4　使用快修系统

学习目标

1. 能根据损伤状况合理选择双支点、单支点和快速拉拔支架。
2. 能用双支点拉架修复筋线损伤。
3. 能用单支点拉架修复轮眉筋线损伤。
4. 能用快速拉拔支架精致修复板面损伤。
5. 培养安全意识、效率意识、质量意识，和严谨细致、认真负责的工作态度。

学习提示

配合车身外形修复机，快修系统可快速修复车身板件常见损伤，显著提高工作效率。使用快修系统时，谨防工具滑落，还需注意正确选择支撑位置，以免造成板件二次损伤。

学习内容

快修系统如图 2-4-01 所示，主要包括双支点、单支点和快速拉拔支点。

图 2-4-01　快修系统

2-4-01
双支点拉架拉拔

1. 双支点拉架

双支点拉架如图 2-4-02 所示,适用于拉拔修复筋线损伤。操作步骤和方法:

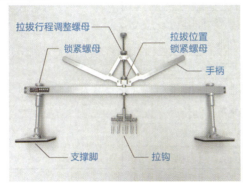 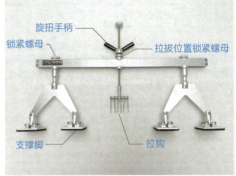

图 2-4-02　双支点拉架

（1）准备工作　准备工作如图 2-4-03～图 2-4-06 所示,检查工位,查验工具是否齐全,穿戴好防护用品,熔植介子并装上 L 形拉杆。

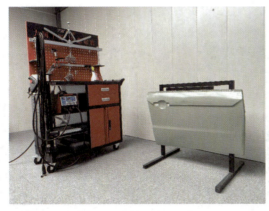 

图 2-4-03　检查工位　　　　　图 2-4-04　穿戴好防护用品

 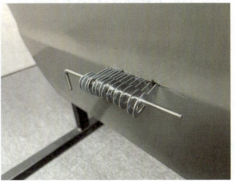

图 2-4-05　熔植介子　　　　　图 2-4-06　装 L 形拉杆

操作要点:
- 工具设备、耗材到位。
- 介子长度统一,表面洁净无锈蚀。
- 介子焊接牢固,依据损伤状况调整间距。

是否掌握:□是　□否(自评)

是否掌握:□是　□否(互评)

(2)组装调整双支点拉架　如图2-4-07所示,确定合适的支撑位置,调整拉架并用支撑脚上的固定螺母紧固拉架,如图2-4-08所示。

图2-4-07　确定支撑位置

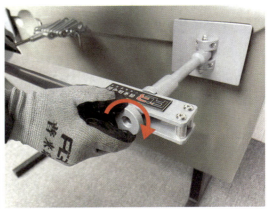

图2-4-08　调整并紧固拉架

左右移动,调整拉钩位置至损伤区域中心,旋紧固定,如图2-4-09所示。

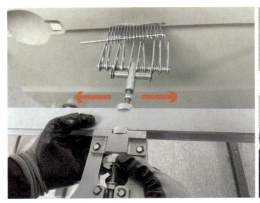

图2-4-09　调整拉钩位置

最后用钩勾住L形拉杆,如图2-4-10所示。

操作要点:
- 根据板件及损伤位置选择合适的拉架和支撑脚。
- 在板件强度高的区域支撑,防止板件二次损伤。

是否掌握:□是 □否(自评)
是否掌握:□是 □否(互评)

(3) 拉拔作业 旋转螺母,调整拉拔行程,使两手柄夹角小于90°,如图2-4-11所示。

图2-4-10 拉钩勾住L形拉杆

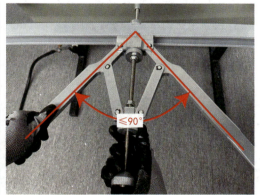

图2-4-11 调整拉拔行程

操作要点:
- 多次拉拔,控制每次拉拔量。
- 预估拉拔量,及时调整手柄角度。单手辅助一侧拉拔手柄,另一只手旋转拉拔螺杆,调整拉拔行程(注意:拉拔螺栓和拉拔手柄之间的角度应小于45°)。
- 拉拔方向应与板面垂直。
- 拉拔时双手握住拉架两个拉拔手柄,同时向中间逐次缓慢施力(一紧一松),如图2-4-12所示。直至拉拔手柄处于自锁状态后,保持拉紧,拉低敲高,用锤和打板配合敲击,消释应力,如图2-4-13所示。
- 随拉随检(测量时松开拉钩,测量尺贴近筋线),如图2-4-14所示。
- 拉拔过程中,随着拉拔力量的增大,注意观察支撑点牢靠程度,防止板件变形。
- 损伤较大时,应多次重复"拉拔-消除应力"的过程。
- 取下拉架时,可用力推拉钩轴后端部,拉钩即可脱出,如图2-4-15所示。
- 操作过程中,避免拉架脱落。

是否掌握:□是 □否(自评)
是否掌握:□是 □否(互评)

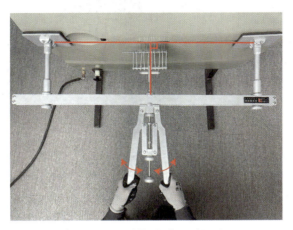

图 2-4-12 缓慢施力(一紧一松)

图 2-4-13 消除应力

图 2-4-14 检查测量

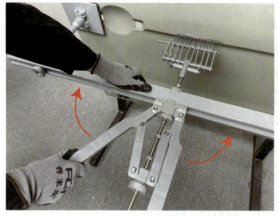

图 2-4-15　松开手柄取下拉架

一次拉拔效果欠佳,则局部再次拉拔,如图 2-4-16 所示。最后,取下介子后打磨焊疤,如图 2-4-17 所示。

图 2-4-16　再次拉拔修复效果欠佳的部位

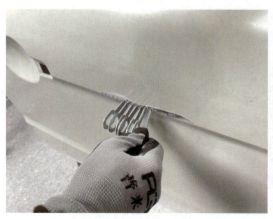

图 2-4-17　取下介子打磨焊疤

(4) 质量检查。

2. 单支点拉架

单支点拉架结构如图 2-4-18 所示,适用于拉拔修复轮眉筋线、车顶处的凹陷。

操作步骤和方法:

(1) 准备工作。

(2) 拉拔操作　修复轮眉如图 2-4-19 所示;修复车顶如图 2-4-20 所示。

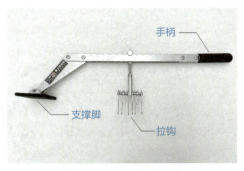

图 2-4-18　单支点拉架

图 2-4-19　修复轮眉

图 2-4-20　修复车顶

操作要点:

- 支撑位置选择在轮胎上或车顶横梁上。
- 调整拉钩位置。
- 缓慢施力。
- 拉低敲高。
- 消除应力。
- 随拉随检。

是否掌握:□是　□否(自评)
是否掌握:□是　□否(互评)

2-4-02
单支点拉架拉拔

2-4-03
快速拉拔

(3) 质量检查。

3. 快速拉拔支架

快速拉拔支架结构如图 2-4-21 所示,适用于板面快速精修整平。操作步骤和方法:

(1) 准备工作。

(2) 快速拉拔操作　通过伸缩量调整螺母调整焊接端头伸缩,如图 2-4-22 所示,确保能焊接凹陷损伤;通过拉伸量调整螺母调整拉伸量,如图 2-4-23 所示;缓慢施力拉拔,如图 2-4-24 所示;逐点拉拔,直至修复,脱开焊接端头,如图 2-4-25 所示;最后打磨焊疤至光滑,如图 2-4-26 所示。

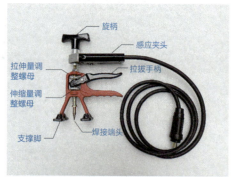

图 2-4-21 快速拉拔支架

图 2-4-22 调整焊接端头伸缩量

图 2-4-23 调整拉伸量

图 2-4-24 拉拔操作

图 2-4-25 脱开焊接端头

图 2-4-26 打磨焊疤

操作要点：
- 依据板件形状、受损情况、支撑位置选择适用的支撑脚规格，装入快速拉拔主体。
- 缓慢施力。
- 调整焊接头部的伸出量，确保能焊接凹陷损伤的位置。
- 小凹坑从中间拉起。
- 大凹坑从外圈以螺旋形式向中间逐点拉拔。

是否掌握：□是 □否（自评）
是否掌握：□是 □否（互评）

（3）质量检查。

4. 训练：快修系统训练

目的	能熟练使用快修系统
设备工具	快修系统、车身外形修复机、损伤制作器、钣金锤、打板、钢板尺打磨机或砂带机等
耗材	车身板件、圆垫圈、OT介子、砂带等
内容	在门板筋线位置制作损伤，用快修系统修复至标准
时间预估	
步骤和要求	1. 检查工位、工具和物料，穿戴好安全防护用品（工作帽、工作服、安全鞋、棉线手套、防尘口罩、耳塞、护目镜）； 2. 准备工作； 3. 安装拉拔工具； 4. 拉拔作业； 5. 取下介子、打磨焊疤； 6. 质量检查； 7. 执行7S现场管理
注意事项	正确佩戴个人防护用品，避免出现砸伤、割伤、划伤、灼伤等事故

评价反馈

序号	评价内容	评价结果	存在的问题及分析解决
1	按时到岗、完成训练	□是 □否	
2	安全防护齐备	□是 □否	
3	用电安全	□是 □否	
4	三不落地	□是 □否	
5	设备工具的选用	□正确 □错误	
6	耗材使用	□正确 □错误	
7	施工操作	□规范 □错误	
8	自检互检	□是 □否	
9	7S管理	□执行 □未执行	

任务5　修复车门凹陷

任务目标

1. 能正确评估车门凹陷损伤状况。
2. 能根据损伤状况选择合理的维修工艺。

图 2-5-00 事故车

3. 能正确选用设备和工具,并修复车门凹陷损伤。

4. 培养安全意识、团队协作意识、效率意识、质量意识,和严谨细致、认真负责的工作态度。

情景导入

如图2-5-00所示,某车发生交通事故,造成左前门凹陷损伤,进站维修,如何修复?

任务分析

凹陷是车门碰撞常见损伤,会同时存在塑性和弹性变形。需视情灵活选用车身外形修复机和快修系统及各类工具,快速高效修复损伤。应尽量避免过度拉拔造成延展,完成后板件背面要及时防腐处理。

任务准备

1. 维修班组成员

☐组长 ☐操作员 ☐质检员 其他_____

2. 检查场地

☐是否通风 ☐施工区域是否安全 ☐气源安全 ☐电源安全
☐工位场地面积_____ 现场人数_____

3. 设备工具

☐集尘打磨机 ☐无尘干磨机 ☐车身外形修复机 ☐工具车
☐钣金锤套装 ☐锉刀 ☐橡皮锤 ☐砂带机
☐钣金快修组合工具 ☐仿形尺 ☐直尺 其他_____

4. 安全防护

☐工作服 ☐工作鞋 ☐棉线手套 ☐活性炭面具 ☐护目镜 ☐耳塞/耳罩
其他_____

5. 产品耗材

☐圆垫圈 ☐波纹线 ☐三角片 ☐圆垫圈 ☐碳棒
☐砂纸 ☐百叶轮 ☐清洁布 ☐除油剂 其他_____

任务实施

步骤1 维修工作准备

同项目一任务5。

是否清洁干净：□是　□否　原因_____
是否安装三件套：□是　□否　原因_____
是否做车辆外检：□是　□否　原因_____
是否让车主签字确认：□是　□否　原因_____
是否登记保险到期日期：□是　□否　原因_____
是否查看工单内容：□是　□否　原因_____
客户是否签字：□是　□否　原因_____
是否填写交车时间：□是　□否　原因_____
是否妥善保存钥匙：□是　□否　原因_____
其他_____

图 2-5-01　标记损伤范围

步骤 2　损伤评估

检查损伤部位、类型、范围和程度，确定维修工艺，如图 2-5-01 所示。

损伤评估	
评估方法	□目测　□手触　□指压　□尺量
评估结果	损伤面积：_____　凹陷深度：_____ 塑性变形：□是　□否　原因_____ 弹性变形：□是　□否　原因_____
维修工艺	
设备工具选用	□车身外形修复机　□快修系统　其他_____
维修方法	□真空吸盘拉拔　□点焊滑锤拉拔　□手工具整形 □双支点拉架拉拔　□单支点拉架拉拔　□快速拉拔　其他_____
维修作业项目	是否需要清除旧漆膜：□是　□否　原因_____ 是否需要清洁：□是　□否　原因_____ 是否拆除门内饰板：□是　□否　原因_____ 是否需要使用木锤粗整：□是　□否　原因_____ 是否需要试焊拉拔：□是　□否　原因_____ 是否需要缩火处理：□是　□否　原因_____ 是否需要防腐处理：□是　□否　原因_____

步骤 3　拆除附件

拆除相关附件，断开蓄电池负极，如图 2-5-02 所示。

图 2-5-02　拆除附件

是否拆除门把手：□是　□否
原因_____　工具选用：_____
是否断开蓄电池：□是　□否
原因_____　工具选用：_____

步骤 4　打磨、清洁

（1）贴护　如图 2-5-03 所示，粘贴板件防护。

图 2-5-03　板件贴护

贴护作业目的：_____
是否贴护：□是　□否　原因_____
材料选用：_____
贴护范围：_____
贴护效果：□良好　□不良
原因_____

（2）穿戴防护用品　如图 2-5-04 所示。

图 2-5-04　穿戴防护用品

选用防护用品：
□工作帽　□工作服　□安全鞋
□棉线手套　□防尘口罩　□护目镜
□防护面罩　□耳塞
其他_____

2-5-01
调试集尘打磨机

（3）调试集尘打磨机

2-5-02
集尘打磨机使用方法

打磨机转速检查：□良好　□不良
原因_____
打磨机有无异响：□是　□否　原因_____
吸尘效果检查：□良好　□不良　原因_____
砂纸选用：□P80　□P120　□P180
其他_____　原因_____

（4）打磨涂层　打磨消除残留漆膜，如图 2-5-05 所示，效果如图 2-5-06 所示。

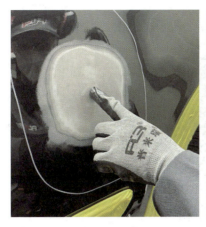
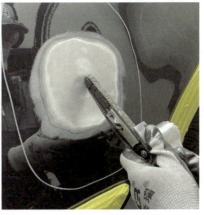

图 2-5-05 清除残留漆膜

打磨作业目的：_____
损伤区是否打磨至裸金属：□是　□否　原因_____
打磨区是否大于损伤区域：□是　□否　原因_____
损伤区打磨形状是否规则：□是　□否　原因_____
是否过度打磨：□是　□否　原因_____

2-5-03
清除旧漆膜

(5) 清洁损伤区　清洁车门损伤区,如图 2-5-07 所示。

清洁作业目的：_____
是否进行吹尘：□是　□否　原因_____
是否进行吸尘：□是　□否　原因_____
是否进行擦拭：□是　□否　原因_____
损伤区是否清洁彻底：□是　□否　原因_____
是否有残留漆膜：□是　□否　原因_____

图 2-5-06　打磨效果　　　　　图 2-5-07　清洁车门

2-37

步骤 5 **粗修整形**

按所学方法,根据实际损伤,粗修整形,如图 2-5-08～图 2-5-10 所示。

图 2-5-08　根据板件损伤状况灵活选用介子

图 2-5-09　熔植介子

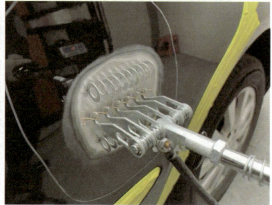

图 2-5-10　多点拉拔

手工具选用：□木锤　　□橡胶锤　　□钣金锤　　□顶铁　其他＿＿＿＿
拉架选用：□双支点　　□单支点　　□快速拉拔
使用的介子类型：□圆垫圈　　□OT介子　　□波纹线　　□三角片
选择的电流挡位：＿＿＿＿＿原因＿＿＿＿＿
搭铁位置：＿＿＿＿＿原因＿＿＿＿＿
搭铁线是否发生松脱掉落现象：□是　□否　原因＿＿＿＿＿
介子熔植过程是否有火花烧蚀现象：□是　□否　原因＿＿＿＿＿
介子熔植是否整齐划一：□是　□否　原因＿＿＿＿＿
拉拔过程是否发生介子松脱现象：□是　□否　原因＿＿＿＿＿
拉拔次数：＿＿＿＿＿原因＿＿＿＿＿

2-5-04
粗修整形

步骤 6　精修整平

根据图 2-5-11～图 2-5-15 所示步骤，依据实际情况，完成精修整平。

2-5-05
精修整平

图 2-5-11　车身锉检查

 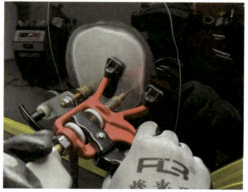

图 2-5-12　精修

图 2-5-13 缩火操作　　　　　　　　图 2-5-14 打磨焊疤

图 2-5-15 根据仿形尺或样规调整板件外形

车身锉操作角度：□30°　□45°　其他_____　原因_____
锉痕是否连续：□是　□否　原因_____
手工具选用：□木锤　□橡胶锤　□钣金锤　□顶铁　其他_____
拉架选用：□双支点　□单支点　□快速拉拔
使用的介子类型：□圆垫圈　□OT介子　□波纹线　□三角片
选择的电流挡位：_____　原因_____
介子熔植过程是否有火花烧蚀现象：□是　□否　原因_____
拉拔过程是否发生介子松脱现象：□是　□否　原因_____
缩火方式：□铜极头　□碳棒　原因_____
缩火效果：□良好　□不良　原因_____

步骤7　维修质量检验

质检方法：□目测　□手触　□指压
　　　　　□样规　□仿形尺　□塞尺　□钢板尺　其他_____
是否存在高点：□有　□无　原因_____
是否存在松鼓：□有　□无　原因_____
较原板面低_____mm，是否符合维修质量标准：□是　□否　原因_____

步骤8　表面处理、工序交接

同项目一任务5。

是否完成自检：□是　□否　原因_____
是否完成复检：□是　□否　原因_____
是否执行7S管理：□是　□否　原因_____
是否完成工序交接：□是　□否

2-5-06
防腐施工

步骤9　防腐作业

防腐作业时，注意正确佩戴活性炭面具、防溶剂手套等安全防护用品。
（1）车窗升到顶部，检查车窗，如图2-5-16所示。
（2）加注空腔蜡　通过延长软管从把手处探入，喷涂损伤区域背面，如图2-5-17所示。

图2-5-16　检查车窗

图2-5-17　喷涂防腐剂

（3）清除残留　用空腔蜡清洁剂消除残留空腔蜡，检查清理车门下排水口，如图2-5-18所示。

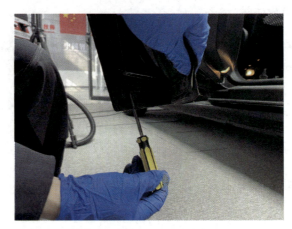

图 2-5-18 疏通下排水口

步骤 10　安装附件、通电试车

是否完成附件安装：□是　□否　原因＿＿＿＿＿＿＿＿＿＿
是否连接蓄电池并通电试车：□是　□否　原因＿＿＿＿＿＿＿＿＿＿
是否执行7S管理：□是　□否　原因＿＿＿＿＿＿＿＿＿＿

步骤 11　终检、交车

钣金组长是否完成自检并填写完工时间：□是　□否　原因＿＿＿＿＿＿＿＿＿＿
钣喷主管是否完成复检并签字：□是　□否　原因＿＿＿＿＿＿＿＿＿＿
是否执行7S管理：□是　□否　原因＿＿＿＿＿＿＿＿＿＿
是否将车辆交接给服务顾问：□是　□否　原因＿＿＿＿＿＿＿＿＿＿

任务评价

1. 过程评价

序号	评价内容	评价结果	存在的问题及分析解决
1	按时到岗、开工、完成	□是　□否	
2	安全防护齐备	□是　□否	
3	查验维修工单	□是　□否	
4	三不落地	□是　□否	
5	车辆防护齐备	□是　□否	
6	设备工具的使用	□正确　□错误	

(续表)

序号	评价内容	评价结果	存在的问题及分析解决
7	维修工艺步骤	□正确 □错误	
8	耗材使用	□合理 □不合理	
9	操作规范	□是 □否	
10	自检互检	□是 □否	
11	工序交接	□是 □否	
12	7S管理	□执行 □未执行	

2. 质量评价

序号	评价内容	评价结果	存在的问题及分析解决
1	漆膜清除质量	□合格 □不合格	
2	板面修复质量	□合格 □不合格	
3	修复区平整度	□合格 □不合格	
4	修复区打磨质量	□合格 □不合格	
5	防腐层喷涂	□合格 □不合格	

3. 绩效评价

序号	评价内容	评价结果	存在的问题及分析解决
1	物料消耗	□合理 □不合理	
2	设备使用	□完好 □损坏	
3	工具使用	□完好 □损坏	
4	完成时间	□按时 □超时	
5	应急处置	□正确 □错误	

任务6　修复车门折损

任务目标

1. 能正确评估车门折痕损伤状况。
2. 能根据损伤状况选择合理的维修工艺。
3. 能正确选用设备和工具,并修复车门损伤。

4. 培养安全意识、协作意识、效率意识、质量意识和严谨细致、认真负责的工作态度。

情景导入

如图 2-6-00 所示,某车辆发生交通事故,造成右后门折痕损伤,进站维修,该如何修复?

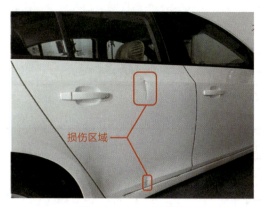

图 2-6-00 事故车

任务分析

当车门筋线处受到碰撞或刮蹭时,损伤处板件易出现折痕,常伴随较严重的塑性变形和较大面积的弹性变形。

常因筋线处应力较大,钢板发生延展。维修前应分析损失区域受力状态,灵活选用设备工具,按照"边角→筋线→平面"的顺序逐步维修。修复折痕的塑性变形时,拉拔整形,通过敲击消除应力和弹性变形,要逐次拉拔并控制拉拔量,避免急于求成导致的过度拉拔及二次损伤。

任务准备

1. 维修班组成员

□组长 □操作员 □质检员 其他_____

2. 检查场地

□是否通风 □施工区域是否安全 □气源安全 □电源安全
□工位场地面积_____ 现场人数_____

3. 设备工具

□集尘打磨机 □无尘干磨机 □车身外形修复机 □工具车
□钣金锤套装 □锉刀 □橡皮锤 □砂带机
□钣金快修组合工具 □仿形尺 □直尺 其他_____

4. 安全防护

□工作服 □工作鞋 □棉线手套 □呼吸面具 □护目镜 □耳塞/耳罩
其他_____

5. 产品耗材

□圆垫圈 □波纹线 □三角片 □圆垫圈 □碳棒
□砂纸 □百叶轮 □清洁布 □除油剂 其他_____

任务实施

步骤1 维修工作准备

同项目一任务5。

是否清洁干净：□是 □否 原因_____
是否安装三件套：□是 □否 原因_____
是否做车辆外检：□是 □否 原因_____
是否让车主签字确认：□是 □否 原因_____
是否登记保险到期日期：□是 □否 原因_____
是否查看工单内容：□是 □否 原因_____
客户是否签字：□是 □否 原因_____
是否填写交车时间：□是 □否 原因_____
是否妥善保存钥匙：□是 □否 原因_____
其他_____

步骤2 损伤评估

检查损伤部位、类型、范围和程度，确定维修工艺，如图2-6-01所示。

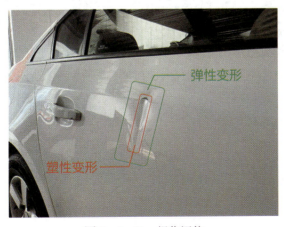

图2-6-01 损伤评估

损伤评估

评估方法	□目测　□手触　□指压　□尺量
评估结果	□边角损伤　□筋线损伤　□平面损伤 损伤面积：_____　折痕深度：_____ 塑性变形：□是　□否　原因_____ 弹性变形：□是　□否　原因_____

维修工艺

设备工具选用	□车身外形修复机　□快修系统　其他_____
维修方法	□真空吸盘拉拔　□点焊滑锤拉拔　□手工具整形 □双支点拉架拉拔　□单支点拉架拉拔　□快速拉拔　其他_____
维修作业项目	是否需要清除旧漆膜：□是　□否　原因_____ 是否需要清洁：□是　□否　原因_____ 是否拆除门内饰板：□是　□否　原因_____ 是否使用木锤粗整：□是　□否　原因_____ 是否需要试焊拉拔：□是　□否　原因_____ 是否需要缩火处理：□是　□否　原因_____ 是否需要防腐处理：□是　□否　原因_____

步骤 3　拆除附件

拆除相关附件，断开蓄电池负极，如图 2-6-02 所示。

图 2-6-02　拆除附件

拆除附件：_____　附件放置位置：_____
是否拆除门把手：□是　□否　原因_____
　　　　　　　　　　　　　　工具选用：_____
是否断开蓄电池：□是　□否　原因_____
　　　　　　　　　　　　　　工具选用：_____

步骤 4　打磨清洁

（1）贴护

贴护作业目的：_____
是否贴护：□是　□否　原因_____
　　　　材料选用：_____
贴护范围：_____
贴护效果：□良好　□不良　原因_____

（2）穿戴防护用品　如图 2-6-03 所示。

选用防护用品：□工作帽　□工作服
　　　　　　　□安全鞋　□棉线手套
　　　　　　　□防尘口罩　□护目镜
　　　　　　　□防护面罩　□耳塞
　　　　　　　其他_____

图 2-6-03　穿戴个人防护用品

（3）调试集尘打磨机

打磨工具：□单动作打磨机　□双动作打磨机　□砂带机　其他_____
打磨机转速检查：□良好　□不良　原因_____
打磨机有无异响：□是　□否　原因_____
吸尘效果检查：□良好　□不良　原因_____
砂带安装检查：□正确　□错误　原因_____
砂纸选用：□P80　□P120　□P180　其他_____　原因_____

（4）打磨涂层　如图 2-6-04 所示。

图 2-6-04　清除漆膜

打磨作业目的：＿＿＿＿＿＿＿＿＿＿＿＿
损伤区是否打磨至裸金属：□是　□否　原因＿＿＿＿
打磨区是否大于损伤区域：□是　□否　原因＿＿＿＿
损伤区打磨形状是否规则：□是　□否　原因＿＿＿＿
是否过度打磨：　　　　　□是　□否　原因＿＿＿＿

（5）清洁损伤区

清洁作业目的：＿＿＿＿＿＿＿＿
是否进行吹尘：□是　□否　原因＿＿＿＿
是否进行吸尘：□是　□否　原因＿＿＿＿
是否进行擦拭：□是　□否　原因＿＿＿＿
损伤区是否清洁彻底：□是　□否　原因＿＿＿＿
是否有残留漆膜：□是　□否　原因＿＿＿＿

步骤5　粗修整形

维修工作的重要原则是，避免或减少维修过程中造成新的损伤，所以损伤区域各部位的修复要按次序逐步完成。

对于弧度较大和损伤程度较深的竖向长折痕，粗修整形时建议采用分段拉拔或逐步减小拉拔区域长度的方式，逐次完成，如图2-6-05所示。然后修复筋线，如图2-6-06所示，最后尺量评估，如图2-6-07所示。

图2-6-05　分段逐次拉拔折痕损伤

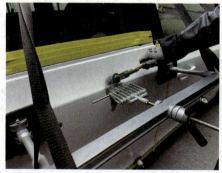

图2-6-06　修复筋线

图 2‑6‑07　尺量评估

拉拔顺序：①_____　②_____　③_____
手工具选用：□木锤　□橡胶锤　□钣金锤　□顶铁　其他_____
拉架选用：□双支点　□单支点　□快速拉拔
拉架支撑位置：_____
使用的介子类型：□圆垫圈　□OT介子　□波纹线　□三角片
选择的电流挡位：_____　原因_____
搭铁位置：_____　原因_____
搭铁线是否发生松脱掉落现象：□是　□否　原因_____
介子熔植过程是否有火花烧蚀现象：□是　□否　原因_____
介子熔植是否整齐划一：□是　□否　原因_____
介子熔植间距：OT介子_____　圆垫圈_____
拉拔过程是否发生介子松脱现象：□是　□否　原因_____
是否分区域逐次拉拔：□是　□否　原因_____
拉拔次数：_____　原因_____
应力消除方式：_____

步骤 6　精修整平

粗修后,检查高低点,如图 2‑6‑08 所示;灵活选用工具和方法,拉拔低点,如图 2‑6‑09 所示,消除高点,如图 2‑6‑10 所示。精修前后对比,如图 2‑6‑11 所示。

图 2‑6‑08　检查高低点

2‑6‑01
精修整平

图 2-6-09　拉拔低点

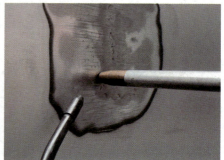

图 2-6-10　消除高点

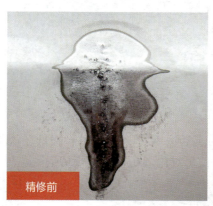

图 2-6-11　精修前后效果对比

车身锉操作角度：□30°　□45°　其他_____　原因_____
锉痕是否连续：□是　□否　原因_____
手工具选用：□木锤　□橡胶锤　□钣金锤　□顶铁　其他_____
拉架选用：□双支点　□单支点　□快速拉拔
使用的介子类型：□圆垫圈　□OT介子　□波纹线　□三角片

选择的电流挡位：_____ 原因_____
介子熔植过程是否有火花烧蚀现象：□是 □否 原因_____
拉拔过程是否发生介子松脱现象：□是 □否 原因_____
缩火方式：□铜极头 □碳棒 原因_____
缩火效果：□良好 □不良 原因_____
应力消除方式：_____
板面打磨方式：_____
焊疤消除：□良好 □不良 原因_____

步骤7 维修质量检验

用仿形尺检查效果，如图2-6-12所示。

图2-6-12 仿形尺检查

2-6-02
维修质量检验

质检方法：□目测 □手触 □指压
　　　　　□样规 □仿形尺 □塞尺 □钢板尺 其他_____
是否存在高点：□有 □无 原因_____
是否存在松鼓：□有 □无 原因_____
筋线修复质量：□良好 □不良 问题描述_____ 原因_____
板件较原板面低_____mm 高_____mm
是否符合维修质量标准：□是 □否 原因_____

步骤8 表面处理、工序交接

同项目一任务5。

是否完成自检：□是 □否 原因_____
是否完成复检：□是 □否 原因_____
是否执行7S管理：□是 □否 原因_____
是否完成工序交接：□是 □否 原因_____

步骤 9 防腐作业

同本项目任务 5。

是否正确佩戴活性炭面具和防溶剂手套：□是　□否　原因_____

步骤 10 安装附件、通电试车

是否完成附件安装：□是　□否　原因_____
是否连接蓄电池并通电试车：□是　□否　原因_____
是否执行7S管理：□是　□否　原因_____

步骤 11 终检、交车

钣金组长是否完成自检并填写完工时间：□是　□否　原因_____
钣喷主管是否完成复检并签字：□是　□否　原因_____
是否执行7S管理：□是　□否　原因_____
是否将车辆交接给服务顾问：□是　□否　原因_____

任务评价

1. 过程评价

序号	评价内容	评价结果	存在的问题及分析解决
1	按时到岗、开工、完成	□是　□否	
2	安全防护齐备	□是　□否	
3	查验维修工单	□是　□否	
4	三不落地	□是　□否	
5	车辆防护齐备	□是　□否	
6	设备工具的使用	□正确　□错误	
7	维修工艺步骤	□正确　□错误	
8	耗材使用	□合理　□不合理	
9	操作规范	□是　□否	
10	自检互检	□是　□否	
11	工序交接	□是　□否	
12	7S管理	□执行　□未执行	

2. 质量评价

序号	评价内容	评价结果	存在的问题及分析解决
1	漆膜清除质量	□合格 □不合格	
2	板面修复质量	□合格 □不合格	
3	修复区平整度	□合格 □不合格	
4	修复区打磨质量	□合格 □不合格	
5	防腐层喷涂	□合格 □不合格	

3. 绩效评价

序号	评价内容	评价结果	存在的问题及分析解决
1	物料消耗	□合理 □不合理	
2	设备使用	□完好 □损坏	
3	工具使用	□完好 □损坏	
4	完成时间	□按时 □超时	
5	应急处置	□正确 □错误	

项目三

【汽车车身外板件修复技术】

修复保险杠

项目介绍

修复保险杠是车辆维修中的典型工作任务。本项目主要介绍车身塑料件辨识、塑料修复机使用、保险杠整形、保险杠焊接和粘接修复等内容。

通过对本项目相关知识的学习及技能训练,掌握保险杠维修方法,根据损伤状况选用合适的维修工艺,修复变形、裂纹与孔洞。

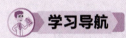

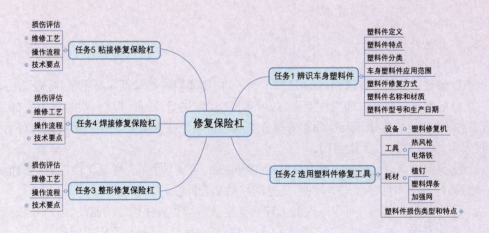

任务 1　辨识车身塑料件

📋 学习目标

1. 能描述车身塑料件的优缺点。
2. 能描述热固型塑料件与热塑型塑料的区别。
3. 能辨识车身塑料件的名称、材质及其分类。
4. 培养爱岗敬业、团结协作、严谨细致、认真负责的工作态度。

💡 学习提示

车身大量使用塑料件,维修人员应熟悉其使用部位和性能,能根据塑料件特性与损伤情况,正确选择维修工具。掌握这些塑料件的作用和性能特点,是车身修复工作的基础。

👍 学习内容

一　认识车身塑料件

1. 车身塑料件

车身塑料件即车身上采用高分子树脂注塑而成的产品配件。

> 选择车身塑料件:□保险杠　　□前翼子板　　□机盖　　□后视镜　　□中网
> 　　　　　　　　□B柱饰板　　□仪表台　　　□门内饰板　□前大灯
> 　　　　　　　　□后翼子板

2. 车身塑料件特点

(1) 塑料件优点

① 重量轻:重量是普通钢材的15%~20%,使用塑料件能降低车身重量,减轻油耗。

② 良好的加工性能:加工性能良好,可通过挤出、注塑、压延、模塑、吹塑等方法加工成具有各种不同形状、性能、颜色、功能的高分子汽车材料。在保险杠、中网、后视镜壳体、内饰板、仪表台、大灯罩等处大量使用。

③ 优良的综合理化性能:具有良好的绝缘性能、防腐蚀性能、耐老化性能、耐磨和耐洗刷性能,良好的防水性能和力学性能,良好的黏结结合性能。

④ 优秀的装饰效果:可以一次加工成具有复杂造型和多种色彩的制品。

⑤ 节能环保:加工成本低,节约大量人工和能源,废料可回收,直接再制造。

⑥ 被动安全性好:在发生行人撞击事故时,能最大程度减轻行人受伤程度。

(2) 塑料件缺点　刚性差、耐热性差、具有可燃性。

3. 塑料件分类

目前在汽车上使用的塑料件种类繁多,如聚丙烯(PP)、聚氯乙烯(PVC)、聚碳酸酯(PC)、聚乙烯(PE)、ABS等,见表3-1-01。

项目三 修复保险杠

图 3-1-01 中,车身上 A、C 两处能使用钢制件吗?
□能　□不能
B 处能使用玻璃件吗?
□能　□不能　为什么?_____

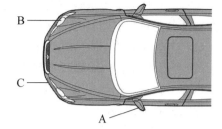

图 3-1-01　车身俯视图

表 3-1-01　车身塑料件

部件名称		代码	材料名称
挡风玻璃嵌条		PVC	聚氯乙烯
水槽		PP	聚丙烯
前组合灯	散光玻璃	PC	聚碳酸酯
	灯罩	PP	聚丙烯
散热器格栅	标准	AES	AES
	SPORT	PC/ABS	聚碳酸酯-ABS
前保险杠		PP	聚丙烯
前挡泥板		PE	聚乙烯
前侧标志灯	散光玻璃	PMMA	丙烯酸
	灯罩	PC-PBT	聚碳酸酯-PBT
车外后视镜	基座	AAS	AAS
	外板	ABS	ABS
侧面保护装置		PVC	聚氯乙烯
侧踏板嵌条		PP	聚丙烯
车顶嵌条		AES	AES
后保险杠		PP	聚丙烯
反射器	散光玻璃	PMMA	丙烯酸
	灯罩	ABS	ABS
后组合灯	镜片	PMMA	丙烯酸
	灯罩	AES	AES
车外把手	杆	PC-PBT	聚碳酸酯-PBT
	基座	PC-PET	聚碳酸酯-PET
后导流板		ABS	ABS
腰线嵌条		AES	AES
挡板		PP	聚丙烯

3-3

车身塑料件分类方法也非常多。但是,在车身维修中,经常根据塑料件受热是否软化,把塑料件分为热固型塑料与热塑型塑料两大类。

(1) **热塑型塑料**　加热时软化,冷却时固化的塑料。

(2) **热固型塑料**　加热时不软化,也不能溶解的一种塑料。

汽车上大量采用热塑型材料,其中汽车前后保险杠最为典型,可利用热塑型特点,修复汽车保险杠各类损伤。

4. 车身塑料件修复范围

① 内部塑料件精巧修复:如仪表、A\B\C柱装饰面板、车门饰板的划伤磨损,塑料饰件的纹理修复。塑料饰件翻新着色等。

② 外部塑料件修复:如保险杠、裙边等塑料件变形、裂纹、孔洞等破损。

图3-1-02　塑料件

学习内容

二　辨别车身塑料件

车身塑料件背面标注有零件材质与零件编号、车企标识、生产日期等信息,如图3-1-02所示。在识别车身塑料件时应注意观察这些重要信息。有些塑料板件是维修件或副厂件,无法看到有关信息,可查阅相关维修资料。

在车身上找到以下塑料件,标注车身塑料件名称、材质代码,并区分其热固型与热塑型分类。

名称:_____

材料代码:_____

类型:_____

名称:_____

材料代码:_____

类型:_____

名称:_____

材料代码:_____

类型:_____

项目三　修复保险杠

名称：_____
材料代码：_____
类型：_____

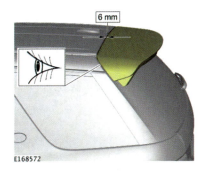

名称：_____
材料代码：_____
类型：_____

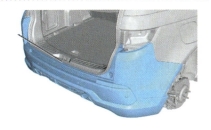

名称：_____
材料代码：_____
类型：_____

● **评价反馈**

序号	评价内容	评价结果	存在的问题及分析解决
1	描述车身塑料件优点	□是　□否	
2	描述热塑型塑料的特点	□是　□否	
3	描述热固型塑料件特点	□是　□否	
4	能辨识车身外观塑料件	□是　□否	
5	能辨识车身内部塑料件	□是　□否	
6	能找到车身塑料件的标识并解读信息	□是　□否	

任务 2 选用塑料件修复工具

学习目标

1. 能描述车身塑料件损伤类型。
2. 能正确选用热风枪,并熟练操作塑料修复机。
3. 培养爱岗敬业、团结协作、严谨细致、认真负责的工作态度。

学习提示

凹陷、裂纹、孔洞是保险杠常见的损伤类型,热风枪和塑料修复机是保险杠修复的主要工具。

在使用时,热风枪和塑料修复机温度较高,务必做好安全防护,注意操作安全。

学习内容

1. 塑料件损伤类型

(1) 卡扣折断 大灯、仪表控制面板等模块总成的塑料卡扣折断,俗称断脚,如图 3-2-01 所示。

注意 在拆装这些模块时务必按照维修手册,利用正规的内饰拆装工具拆卸。此类模块原厂件订购费用较高,而且很少有副厂件。

(2) 母扣断裂 车身保险杠、A/B/C 柱内饰板等塑料件边缘母扣断裂,如图 3-2-02 所示。在拆卸保险杠、内饰板时,暴力拉拔极易造成母扣断裂。母扣断裂后容易造成装配不平整,缝隙过大等缺陷。

图 3-2-01 "断脚"示意图　　　　图 3-2-02 母扣断裂

(3) 塑料件变形 塑料件变形尤以保险杠变形为典型,详见项目三任务 3。
(4) 塑料件裂纹、孔洞 尤以保险杠裂纹、孔洞为典型,详见项目三任务 4。
(5) 塑料件表面划痕 塑料内饰板件、仪表台等位置常见划痕损伤。

2. 塑料件维修工具与设备

（1）热风枪　钣金作业中经常使用热风枪，常见的热风枪分为两种：通用型热风枪与专用型热风枪。

如图3-2-03所示，通用型热风枪主要用于除漆、PVC热缩管、干燥、熔化、整形塑料制品等。

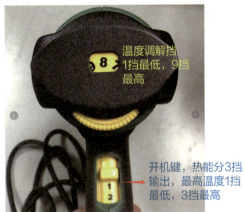

图3-2-03　通用型热风枪

各挡位使用功能如下：
- 1挡：冷却散热。冷却表面高温部件，冷却热风枪出风口，以便更换风嘴。
- 2挡：加热温度50～400℃。用于干燥，热缩包装或PVC套管、贴膜等。
- 3挡：加热温度50～600℃。用于弯曲塑料件、塑料焊接、锡焊、松动生锈螺栓或螺母。

如图3-2-04所示，专用型热风枪主要用于一般专业型用于钣金维修，如加热软化结构胶、加热铝板、加热热塑型塑料件。

图3-2-04　专用型热风枪

使用方法与温度范围如图3-2-05所示。

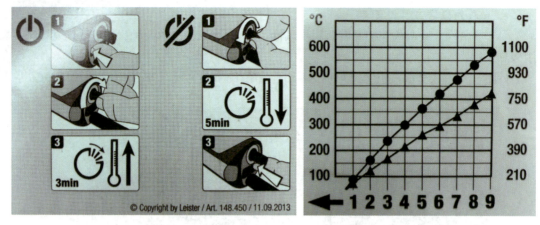

图 3-2-05　专用型热风枪使用方法与温度范围

热风枪使用注意事项:
- 在潮湿或有易燃易爆物品的场所,严禁使用热风枪。
- 确保工位空气流通。
- 出风口温度很高,需冷却后方可更换零件。
- 切勿接触或以任何形式阻塞出风口。
- 使用后,务必先切断电源,再安善放置热风枪。

(2) 塑料修复机　塑料修复机是用于汽车塑料件的专用设备,适合修复并加固所有汽车的塑料部件,如保险杠、仪表盘、灯头支架、塑料圈、散热器等。塑料修复机由主机、电源线、焊枪组成,采用6种独特植钉,如图3-2-06所示,可针对塑料件裂缝、断裂、内角和外角等多方位焊接修复,操作方便。

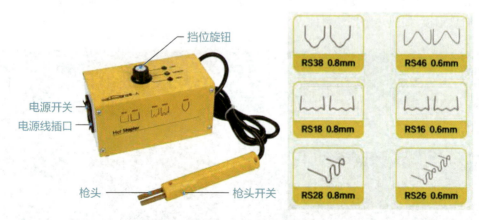

图 3-2-06　6种植钉

塑料修复机操作步骤与方法:

① 挡位选择:如图3-2-07所示,根据塑料件材质与厚度选择相应的挡位。1挡,材料厚度不大于1.5mm;2挡,材料厚度在1.5~2mm之间;3挡,材料厚度不小于2mm。

注意　此标准仅适用于PP材料,若材质耐热,可适当提高挡位。

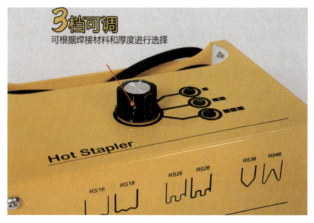

图 3‑2‑07　塑料修复机挡位

② 植钉选用：根据塑料件破损部位形状、塑料件材质、塑料件厚度选择相应的植钉，如图 3‑2‑08 所示。

图 3‑2‑08　植钉的选用

③ 植钉安装：植钉可以 0°、45°、90°三个角度安装，根据焊接位置灵活选用，如图 3‑2‑09 所示。

 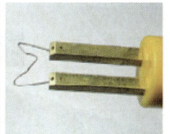

 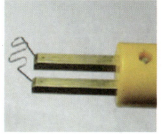

图 3‑2‑09　植钉的安装

④ 植钉作业：装入植钉后，按下焊枪按钮，在塑料件背面实施植钉作业。当植钉熔到合适的位置时，松开按钮，稍等3～5 s，待塑料冷却后，收回焊枪。重复此步骤，至所有植钉作业完成，如图3-2-10所示。

⑤ 剪去钉脚：用虎头钳剪去露出塑料件的钉脚，如图3-2-11所示。

⑥ 修磨钉脚：剪去钉脚后，需用角磨机进一步修磨，如图3-2-12所示。注意修磨过程中不要损伤塑料件。

⑦ 熔敷焊接：植钉作业后在损伤处熔敷同材质塑料焊条，并将敷焊表面抹平，以保证修复强度，如图3-2-13和图3-2-14所示。

图3-2-10 植钉作业

图3-2-11 剪去钉脚

图3-2-12 修磨钉脚

图3-2-13 熔敷作业

图3-2-14 抹平作业

塑料修复机使用注意事项：
- 操作过程中会产生有害的烟雾，务必使用焊烟净化设备，确保工作场所的空气质量。
- 使用期间，焊枪电极的温度很高，切勿触摸。
- 钉脚尖锐，易扎伤，使用时注意安全。
- 操作完成后，务必先切断设备电源，待冷却至常温再妥善收纳。

● 评价反馈

序号	评价内容	评价结果	存在的问题及分析解决
1	能描述车身塑料件损伤类型	□是　□否	
2	正确使用热风枪	□正确　□错误	
3	能描述使用热风枪的注意事项	□正确　□错误	
4	塑料修复机的使用	□正确　□错误	
5	能描述使用塑料修复机的注意事项	□是　□否	

任务3　整形修复保险杠

任务目标

1. 能正确评估保险杠损伤状况，并判断维修或更换。
2. 能根据损伤状况选择合理的维修工艺。
3. 能正确使用热风枪等工具，整形修复保险杠。
4. 培养安全意识、协作意识、效率意识、质量意识和严谨细致、认真负责的工作态度。

情景导入

如图3-3-00所示，某车辆发生剐蹭事故，前保险杠凹陷，该如何修复？

图3-3-00　事故车

任务分析

凹陷是保险杠碰撞常见损伤。保险杠为热塑型材料,常温或低温下,整形保险杠时会导致保险杠二次变形甚至开裂,需要加热保险杠后才能整形作业。加热保险杠时应严格控制加热温度,防止二次损伤。

 任务准备

1. 维修班组成员

   □组长　□大工　□中工　□学徒工　其他_____

2. 检查场地

   □是否通风　□施工区域是否安全　□气源安全　□电源安全
   □工位场地面积_____　现场人数_____

3. 设备工具

   □手电钻　□气动钻　□塑料焊枪　□热风枪　□测温枪　□电烙铁
   □橡胶锤　□木锤　□塑料修复机　□保险杠支架
   □耐溶剂喷壶　□工具车　其他_____

4. 安全防护

   □焊烟抽排　□工作服　□工作鞋　□棉线手套　□活性炭面具
   □护目镜　□皮手套　其他_____

5. 产品耗材

   □热敏贴片　□清洁布　□除油剂　其他_____

图 3-3-01　穿戴防护用品

任务实施

步骤 1　判断损伤,做好遮蔽保护

(1) 查看维修工单,确认维修项目,签写开工时间及姓名。
(2) 穿戴防护用品,如图 3-3-01 所示。

选用防护用品:
□工作帽　□工作服　□安全鞋
□棉线手套　□防尘口罩　□护目镜
□防护面罩　□耳塞
其他_____

(3) 评估损伤,确定保险杠修复或更换,如图 3-3-02 所示。

保险杠修复或更换标准:
- 保险杠表面轻微划痕,可由涂装工直接修复。
- 保险杠轻微变形(主要指凹陷),可采用热整形方法修复。
- 保险杠孔洞破损,根据孔洞位置与大小确定修复或更换。

维修资料或手册规定不予修补的地方,需直接更换保险杠,一般是边缘、重要附件或电器设备安装位置。

一般位置产生的孔洞破损,可依据孔洞直径(孔洞的最大处)判断是否更换保险杠。若孔洞直径小于 50 mm,如图 3-3-03 所示,可修复;若孔洞直径大于 50 mm,建议更换保险杠。

- 保险杠裂纹破损。根据裂纹的位置及长度确定修复或更换。

图 3-3-02 判断损伤

图 3-3-03 孔洞直径小于 50 mm

以下 3 种情况需更换保险杠:
① 维修手册中规定不予维修位置产生的裂纹。
② 裂纹长度超过 100 mm。
③ 裂纹长度小于 100 mm,但超过零件尺寸的 50%,如图 3-3-04 所示。

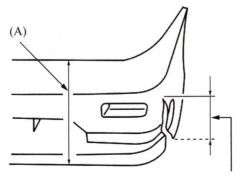
图 3-3-04 是否超过(A)的一半

损伤评估结果：
□漆膜受损　范围_____
□凹陷　　　范围_____　深度_____
孔洞：□有　□无
裂纹：□有　□无
是否更换：□是　□否　原因_____

（4）将车辆线束插头保护好，并遮蔽保护漆面完好部分。

□遮蔽纸　□纸胶带　□薄膜　其他_____

（5）把受损保险杠放置在保险杠架子上。

步骤 2　**修整保险杠变形（凹陷）**

（1）用热风枪加热保险杠内表面，同时用红外线测温枪测量保险杠加热区域的温度，控制在 80~90℃之间，如图 3-3-05 所示。若保险杠受损处漆膜已经受损，需同时加热受损部位的内外侧。

（2）当温度到达预设值后，用木锤敲击或推顶保险杠内侧，恢复其形状，如图 3-3-06 所示。较大变形建议使用木锤的小锤面，从外圈向中心整形；若损伤较小，建议用木锤的大锤面直接敲击变形最大处，恢复其形状。

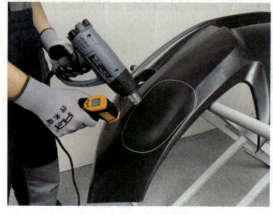

图 3-3-05　加热保险杠

图 3-3-06　锤击保险杠

（3）整形过程中应及时测量保险杠温度，若温度下降，板件较硬脆，应停止整形，防止保险杠开裂，必然时需再次加热。

（4）为了使保险杠受力均匀，应用手托住受损区域，如图 3-3-07 所示。

（5）加热整形后，用吹尘枪给保险杠降温，使其定型，如图 3-3-08 所示。

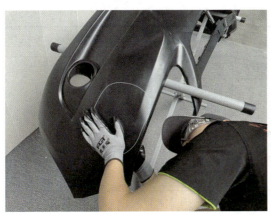
图 3-3-07 保险杠整形

图 3-3-08 冷却保险杠

（6）质量检查。质量自检、填写完工时间,班组长复检、签字,与涂装班组交接。

是否完成自检：□是　□否
是否完成复检：□是　□否
是否执行7S现场管理：□是　□否
是否完成工序交接：□是　□否

任务评价

1. 过程评价

序号	评价内容	评价结果	存在的问题及分析解决
1	按时到岗、开工、完成	□是　□否	
2	安全防护齐备	□是　□否	
3	查验维修工单	□是　□否	
4	三不落地	□是　□否	
5	车辆防护齐备	□是　□否	
6	设备工具的使用	□正确　□错误	
7	维修工艺步骤	□正确　□错误	
8	耗材使用	□合理　□不合理	
9	操作规范	□是　□否	
10	自检互检	□是　□否	
11	工序交接	□是　□否	
12	7S管理	□执行　□未执行	

2. 质量评价

序号	评价内容	评价结果	存在的问题及分析解决
1	保险杠漆面保护	□有　□无	
2	保险杠过热变形	□无　□轻微　□严重	
3	漆膜高温烫伤	□无　□轻微　□严重	
4	凹陷修复	□平整　□不平整	

3. 绩效评价

序号	评价内容	评价结果	存在的问题及分析解决
1	物料消耗	□合理　□不合理	
2	设备使用	□完好　□损坏	
3	工具使用	□完好　□损坏	
4	完成时间	□按时　□超时	
5	应急处置	□正确　□错误	

任务4　焊接修复保险杠

任务目标

1. 能焊接修复保险杠裂纹与孔洞。
2. 能确保安全规范操作。
3. 培养安全意识、团队协作意识、效率意识、质量意识,和严谨细致、认真负责的工作态度。

图 3-4-00　事故车

情景导入

如图 3-4-00 所示,某车辆发生剐蹭事故,前保险杠凹陷穿孔并伴有裂纹,该如何修复?

任务分析

保险杠受到碰撞后,常导致变形、裂纹、孔洞等损伤,一般采用焊接方法修复保险杠裂纹与孔洞。

焊接修复时会产生有毒气体,务必做好个人安全防护;工作场所需配备焊烟抽排装置。修复保险杠复杂损伤,应按照"变形→裂纹→孔洞"的顺序维修,并首先对裂纹打孔止裂。

任务准备

1. 维修班组成员

☐组长　☐操作员　☐质检员　其他_____

2. 检查场地

☐是否通风　☐施工区域是否安全　☐气源安全　☐电源安全
☐工位场地面积_____　　现场人数_____

3. 设备工具

☐手电钻　☐气动钻　☐塑料焊枪　☐热风枪　☐测温枪　☐电烙铁
☐集尘打磨机　☐无尘干磨机　☐塑料修复机　☐工形支架
☐耐溶剂喷壶　☐工具车　其他_____

4. 安全防护

☐焊烟抽排　☐工作服　☐工作鞋　☐棉线手套　☐活性炭面具
☐护目镜　☐耳塞/耳罩　其他_____

5. 产品耗材

☐加固网　☐植钉　☐玻璃纤维布　☐塑料焊条(型号_____)
☐清洁布　☐除油剂　其他_____

知识链接　塑料件焊接

任务实施

步骤1　维修工作准备

(1) 查看维修工单。确认维修项目,签写开工时间及姓名。

(2) 穿戴防护用品,如图3-4-01所示。

选用防护用品:

☐工作帽　☐工作服　☐安全鞋　☐活性炭面具
☐棉线手套　☐防尘口罩　☐护目镜　☐防护面罩
☐耳塞　其他_____

(3) 将拆卸完毕的保险杠放到支架上,如图3-4-02所示判断损伤程度。

裂纹损伤程度:长度_____　深度_____
孔洞损伤程度:直径_____　表面凹陷范围_____

图3-4-01　穿戴防护用品

（4）将车辆线束插头包裹保护。用清洁剂将整个保险杠清洁除油,去除污渍。

☐防溶剂手套　☐活性炭面具　☐护目镜　其他_____

（5）在裂纹根部位置,使用气动钻钻止裂孔,防止保险杠修复过程中裂纹继续破裂增大,如图3-4-03所示。

图3-4-02　判断保险杠损伤程度

图3-4-03　使用气动钻钻止裂孔

☐钻止裂孔　☐未钻止裂孔　原因_____
止裂孔数量_____　直径_____

注意　使用电钻时,佩戴皮手套,禁止佩戴棉线手套,以免发生缠绕危险!

图3-4-04　打磨焊接坡口

步骤2　修复裂纹

（1）用集尘打磨机打磨漆面。为确保熔深,需在裂纹两侧打磨V型坡口;若裂纹较严重,裂纹部位需打磨X型坡口。打磨后清洁除尘,如图3-4-04所示。

注意　需佩戴防尘口罩。

3-4-01
焊接修复裂纹

☐V型坡口　☐X型坡口　坡口角度_____
☐未打坡口(原因_____)

（2）用焊枪头或电烙铁为裂缝做定位焊接。必要时在焊接处背面用铝箔纸固定焊缝,避免焊接时出现位移,造成裂缝两侧高低不平,如图3-4-05所示。

注意　使用时焊枪头或电烙铁避免高温灼伤,工作结束后及时断电并妥善摆放,以免发生火灾。本环节需开启焊烟净化装置。

是否进行定位焊：□是　□否　原因_____
定位焊焊点数量_____　焊点间距_____
是否存在面差：□是　□否　原因_____

图 3-4-05　定位焊接

(3) 根据损伤范围，裁剪适当尺寸的加固网或选用适当尺寸的植钉。

是否使用加固网：□是　□否　加固网尺寸_____
是否使用植钉：□是　□否　植钉数量_____

(4) 在受损表面植入加固网或植钉，如图 3-4-06 所示。

是否出现较大烟尘：□是　□否
是否开启焊烟净化装置：□是　□否

(5) 将塑料焊条熔入裂缝，应有一定的熔敷厚度，如图 3-4-07 所示。

图 3-4-06　植入植钉

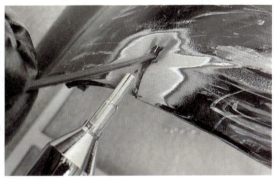

图 3-4-07　将塑料焊条熔入受损表面

注意　应选取与保险杠材料相同或相近的塑料焊条。

是否熔入塑料焊条：□是　□否　原因_____
是否填平焊缝：□是　□否　原因_____

(6) 局部缺损可用玻璃纤维布包边维修。根据损伤的范围裁剪合适大小的玻璃纤维布，用塑料焊枪将玻璃纤维熔固，之后用塑料焊条填平待修补区域。

是否使用玻璃纤维布包边：□是　□否　原因_____
包裹面积_____

（7）待焊接部位冷却至常温后，用双动作打磨机和 P120～180 砂纸仔细打磨，使其平整。

注意 打磨时避免加固网裸露，尤其注意边角处。

3-4-02
焊接修复穿孔

是否打磨：□是　□否　原因_____
砂纸型号_____

步骤3　**修复穿孔**

（1）用打磨机或刮刀清除穿孔周围毛刺，如图 3-4-08 所示。

是否打磨：□是　□否　原因_____
打磨工具：_____

（2）将穿孔周边打磨成略带倾角的羽状边，以便把加固网熔植进塑料件中，如图 3-4-09 所示。

是否正确佩戴防护用具：□是　□否　原因_____

图 3-4-08　清除穿孔周围毛刺

图 3-4-09　打磨羽状边

（3）打磨后，清洁除尘。
（4）剪裁加固网，面积略大于穿孔，剪掉边角，如图 3-4-10 所示。

是否裁剪加固网：□是　□否　原因_____
加固网裁剪尺寸：_____

（5）熔植加固网。用专用烙铁从加固网的边缘开始熔植，保证足够熔深使其牢固，避免后续打磨时裸露边角，如图 3-4-11 所示。

注意 本环节需开启焊烟净化装置，佩戴活性炭面具。

是否出现较大烟尘：□是　□否
是否开启焊烟净化装置：□是　□否

图 3-4-10 裁剪加固网

图 3-4-11 熔植加固网

(6) 熔敷焊条、填充孔洞。用专用烙铁将塑料焊条从加固网的周围慢慢向穿孔中心熔敷,至加固网完全覆盖,如图 3-4-12 和图 3-4-13 所示。

图 3-4-12 熔敷焊条、填充孔洞

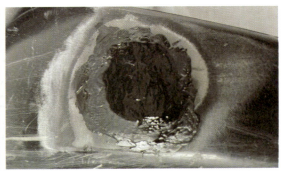

图 3-4-13 用塑料焊条将加固网完全覆盖

孔洞是否填充：□是 □否 原因_____
塑料焊条与保险杠是否完全融合：□是 □否
加固网是否被完全覆盖：□是 □否
熔敷程度是否高于正常表面：□是 □否

(7) 打磨。用无尘干磨机和 P120~240 砂纸依次打磨修补面,至表面平滑。

注意 要确保加固网没有裸露。

是否打磨：□是 □否 原因_____
砂纸型号_____
加固网是否裸露：□是 □否 原因_____
表面是否平滑：□是 □否 原因_____

步骤4 质量检查

(1) 质量自检、填写完工时间。

（2）班组长复检、签字。

（3）与涂装班组交接。

是否完成自检：□是　□否

是否完成复检：□是　□否

是否执行7S现场管理：□是　□否

是否完成工序交接：□是　□否

任务评价

1. 过程评价

序号	评价内容	评价结果	存在的问题及分析解决
1	按时到岗、开工、完成	□是　□否	
2	安全防护齐备	□是　□否	
3	查验维修工单	□是　□否	
4	三不落地	□是　□否	
5	车辆防护齐备	□是　□否	
6	设备工具的使用	□正确　□错误	
7	维修工艺步骤	□正确　□错误	
8	耗材使用	□合理　□不合理	
9	操作规范	□是　□否	
10	自检互检	□是　□否	
11	工序交接	□是　□否	
12	7S管理	□执行　□未执行	

2. 质量评价

序号	评价内容	评价结果	存在的问题及分析解决
1	漆膜清除质量	□合格　□不合格	
2	坡口质量	□合格　□不合格	
3	定位焊质量	□合格　□不合格	
4	加固网熔植质量	□合格　□不合格	
5	植钉熔植质量	□合格　□不合格	
6	焊条融入质量	□合格　□不合格	
7	玻璃纤维布固定质量	□合格　□不合格	
8	线差	□正常　□不正常	
9	面差	□正常　□不正常	
10	打磨质量	□平整　□有瑕疵	

3. 绩效评价

序号	评价内容	评价结果	存在的问题及分析解决
1	物料消耗	□合理 □不合理	
2	设备使用	□完好 □损坏	
3	工具使用	□完好 □损坏	
4	完成时间	□按时 □超时	
5	应急处置	□正确 □错误	

任务5　粘接修复保险杠

任务目标

1. 掌握保险杠裂纹与孔洞粘接修复步骤与方法。
2. 能用塑料修补胶修复保险杠裂纹与孔洞。
3. 培养安全意识、协作意识、效率意识、质量意识和严谨细致、认真负责的工作态度。

情景导入

如图3-5-00所示，某车辆发生剐蹭事故，前保险杠凹陷穿孔并伴有裂纹，该如何维修？

图3-5-00　事故车

任务分析

粘接修复是保险杠裂纹和孔洞修复的新工艺，维修步骤较多。维修作业时需严格执行操作步骤与方法，打胶前须按要求处理保险杠基材，刮涂时须注意胶的固化时间，打胶后须及时清理溢出或滴落的残胶。

任务准备

1. 维修班组成员

☐组长　☐操作员　☐质检员
其他_____

2. 检查场地

☐是否通风　☐施工区域是否安全　☐气源安全　☐电源安全
☐工位场地面积_____　现场人数_____

3-5-01
粘接修复裂纹

3. 设备工具

☐手电钻　　☐气动钻　　☐3寸角磨机　☐砂带机　　☐测温枪
☐打胶枪　　☐集尘打磨机　☐无尘干磨机　☐刮板　　☐工形支架
☐除油布　　☐耐溶剂喷壶　☐工具车　其他_____

4. 安全防护

☐焊烟抽排　☐工作服　☐工作鞋　☐棉线手套　☐活性炭面具　☐防溶剂手套
☐护目镜　　☐耳塞/耳罩　其他_____

5. 产品耗材

☐加固网　☐塑料修补胶　☐柔性贴片　☐铝箔贴纸　☐10mm环带　☐清洁布
☐除油剂　☐各型号砂皮　☐4mm麻花钻　其他_____

图3-5-01　穿戴防护用品

任务实施

1. 裂纹粘接修复

（1）穿戴防护用品　如图3-5-01所示。

选用防护用品：
☐工作帽　　☐工作服　　☐安全鞋
☐活性炭面具　☐棉线手套　☐防尘口罩
☐护目镜　　☐防护面罩　☐耳塞
其他_____

（2）清洁保险杠　用蘸有肥皂水的湿抹布清洁保险杠内外区域，确保清理干净，如图3-5-02所示。

蘸有肥皂水的湿抹布：☐是　☐否
清洁保险杠内外侧：☐是　☐否

（3）钻止裂孔　在裂纹末端用4 mm麻花钻钻止裂孔，避免裂纹损伤扩大，如图3-5-03所示。

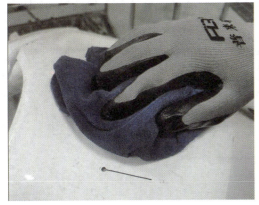

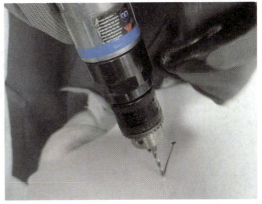

图3-5-02　清洁保险杠　　　　　　　　图3-5-03　钻止裂孔

□钻止裂孔　□未钻止裂孔　原因_____
止裂孔数量_____　直径_____

（4）制作坡口　用10 mm砂带机制作V型坡口，用3寸双动作打磨机打磨裂纹外侧。为增加胶的附着力，磨毛区域须呈椭圆形，磨毛状态须均匀，如图3-5-04所示。

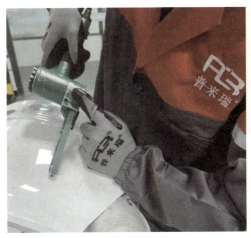

图3-5-04　坡口制作

磨毛区域是否呈椭圆形：□是　□否
磨毛区域要大于裂纹外侧1～3 mm：□是　□否
是否制作V型坡口：□是　□否
坡口裂纹间隙均匀：□是　□否
坡口裂纹宽度在0.5～1 mm之间：□是　□否

(5) 除尘清洁　用吹尘枪对打磨区域及坡口处除尘,并用清洁剂和除油布对坡口处及裂纹背面清洁除油,如图 3-5-05 所示。

(6) 贴附铝箔胶带　在外侧裂纹正上方贴附铝箔胶带,防止在内侧打胶时粘接剂外溢,如图 3-5-06 所示。

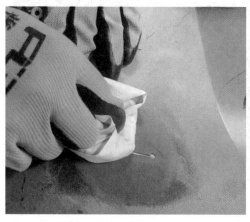
图 3-5-05　除尘清洁

图 3-5-06　贴铝箔胶带

是否进行铝箔胶带粘贴:□是　□否
为什么要粘贴胶带?原因_____

(7) 喷涂助粘剂　在裂纹内侧均匀喷涂助粘剂,等待 5～10 min 干燥,以增加裂纹修补胶的附着力。

是否喷涂助粘剂:□是　□否
等待闪干时间(几分钟):_____

(8) 贴加固网　在裂纹内侧打磨区域先薄涂修补胶并刮涂均匀,在胶层上方贴加固网(网格布),如图 3-5-07 所示。

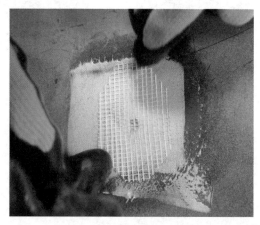
图 3-5-07　贴加固网

（9）二次打胶　在加强网上方二次打胶（修补胶），并均匀刮涂至覆盖住加强网，如图3-5-08所示。

图3-5-08　二次打胶

（10）撕掉外侧铝箔胶带　静止一段时间（参考修补胶速干时间），待胶硬化后，撕掉外侧铝箔胶带，如图3-5-09所示。

图3-5-09　撕铝箔胶带

（11）外侧首次打胶　在打胶前先喷涂助粘剂，闪干5 min，然后打胶（修补胶）并刮平，如图3-5-10所示。

图3-5-10　外侧首次打胶

(12) 外侧再次补胶与堆高　首次打胶速干后,在胶的表面再次堆高打胶,并用刮板均匀堆高,如图 3-5-11 所示。

是否二次打胶：□是　□否
二次打胶后是否均匀堆高：□是　□否

(13) 外侧打磨　用 3 寸双动作打磨机,依次用 P60、180、360 砂纸打磨裂纹外侧,如图 3-5-12 所示。

是否依次打磨：□是　□否
表面是否平整：□是　□否

图 3-5-11　外侧再次打胶

图 3-5-12　外侧打磨

(14) 清洁　用吹尘枪和湿抹布除尘与清洁,成品如图 3-5-13 所示。

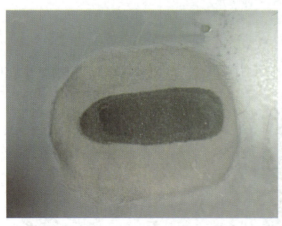
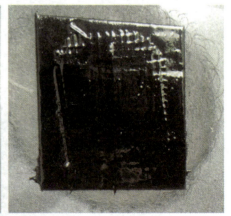
图 3-5-13　修复成品

(15) 质量检查　质量自检、填写完工时间,班组长复检、签字,与涂装班组交接。

是否完成自检：□是　□否
是否完成复检：□是　□否
是否执行7S现场管理：□是　□否
是否完成工序交接：□是　□否

3-5-02
粘接修复孔洞

2. 孔洞粘接修复

(1) 清洁　同裂纹粘接修复步骤1。

(2) 穿孔处坡口打磨与孔洞内侧磨毛处理　同裂纹粘接修复步骤3,如图3-5-14所示。

(3) 除尘、除油等清洁作业　同裂纹粘接修复步骤4。

(4) 在保险杠内侧喷涂助粘剂　同裂纹粘接修复步骤5。

(5) 粘贴柔性贴片　待助粘剂干燥后(约5 min),剪裁合适大小的柔性贴片(能覆盖孔洞边缘20～40 mm),粘贴在保险杠内侧,如图3-5-15所示。

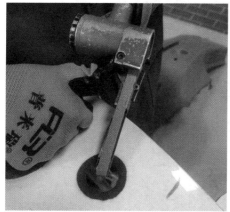
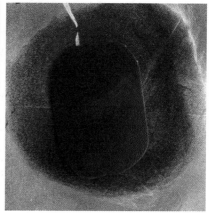

图3-5-14　孔洞边缘坡口处理　　图3-5-15　内侧粘贴柔性贴片

```
打胶前准备工作
清洁          是否清洁保险杠内外侧：□是　□否　原因_____
坡口制作      是否制作坡口：□是　□否　原因_____
表面磨毛      坡口边缘是否磨毛：□是　□否　原因_____
除尘除油      孔洞内外侧是否除尘除油：□是　□否　原因_____
喷涂助粘剂    是否需要喷涂助粘剂：□是　□否　原因_____
粘贴柔性贴片  是否进行柔性贴片粘贴：□是　□否　原因_____
              柔性贴片是否覆盖孔洞边缘20～40 mm：□是　□否
```

(6) 在外侧首次打胶　同裂纹粘接修复步骤10。

(7) 外侧再次打胶　同裂纹粘接修复步骤11。

(8) 外侧打磨　同裂纹粘接修复步骤12。

打胶作业
首次打胶　是否喷涂助粘剂：□是　□否　原因_____
　　　　　首次打胶是否刮平：□是　□否　原因_____
再次打胶　是否均匀堆高：□是　□否　原因_____
外侧打磨　是否依次选用砂纸：□是　□否　原因_____

（9）除尘与清洁　同裂纹粘接修复步骤13，如图3-5-16所示。

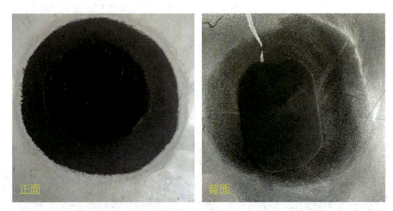

图3-5-16　孔洞修复成品

（10）质量检查　质量自检、填写完工时间，班组长复检、签字，与涂装班组交接。

是否完成自检：□是　□否
是否完成复检：□是　□否
是否执行7S现场管理：□是　□否
是否完成工序交接：□是　□否

想一想　车身塑料件粘接维修工艺与焊接维修工艺有什么不同？

序号	对比内容	焊接维修工艺	粘接维修工艺
1	设备		
2	工具		
3	材料		
4	工艺		
5	效率		
6	质量		

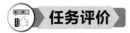

任务评价

1. 过程评价

序号	评价内容	评价结果	存在的问题及分析解决
1	按时到岗、开工、完成	□是 □否	
2	安全防护齐备	□是 □否	
3	查验维修工单	□是 □否	
4	三不落地	□是 □否	
5	车辆防护齐备	□是 □否	
6	设备工具的使用	□正确 □错误	
7	维修工艺步骤	□正确 □错误	
8	耗材使用	□合理 □不合理	
9	操作规范	□是 □否	
10	自检互检	□是 □否	
11	工序交接	□是 □否	
12	7S管理	□执行 □未执行	

2. 质量评价

序号	评价内容	评价结果	存在的问题及分析解决
1	保险杠清洁	□彻底 □不彻底	
2	坡口质量	□合格 □不合格	
3	边缘磨毛质量	□合格 □不合格	
4	铝箔胶带粘贴质量	□合格 □不合格	
5	首次打胶质量	□合格 □不合格	
6	再次打胶质量	□合格 □不合格	
7	表面打磨情况	□合格 □不合格	
8	柔性贴片粘贴质量	□合格 □不合格	
9	表面平整度	□合格 □不合格	
10	保险杠柔性强度	□合格 □不合格	

3. 绩效评价

序号	评价内容	评价结果	存在的问题及分析解决
1	物料消耗	□合理　□不合理	
2	设备使用	□完好　□损坏	
3	工具使用	□完好　□损坏	
4	完成时间	□按时　□超时	
5	应急处置	□正确　□错误	

附 录

【汽车车身外板件修复技术】

课程标准

一、课程名称

汽车车身外板件修复技术

二、适用专业及面向岗位

中职学校：汽车运用与维修专业（700206）、汽车车身修复专业（700207）。

高职院校：汽车检测与维修技术专业（500211）。

技师院校：汽车钣金与涂装专业（0405）。

面向汽车售后服务企业的职业岗位群（如汽车维修工、钣喷技术主管、钣喷质量检验员、钣喷车间管理员等）。

三、课程性质

本课程为专业技术技能课程，是一门与汽车钣金维修岗位能力要求紧密对接的课程。课程以汽车车身外板件修复为基础，与汽车钣金维修岗位的典型工作任务对接。涵盖钣金从业人员在车身维修服务过程中安全防护、设备和工具选用、损伤评估、维修工艺、修复技术、操作步骤和方法、质量评价等核心内容。本课程具有实践性强的特点，是汽车行业专业人员学习汽车钣金维修技术的核心课程及特色课程。重点培养学生运用汽车车身外板件维修技术修复损伤的实践工作能力，通过对本课程的学习，能够爱岗敬业，热爱汽车检测与维修技术专业，养成良好的工作态度和工作习惯，为未来的职业生涯奠定扎实的基础。

四、课程设计

（一）设计思路

为了更好地贯彻习近平总书记对职业教育"大有可为"的殷切期盼转化为"大有作为"的生动实践，深化产教融合、校企合作。推动双元育人培养模式下的教师、教材、教法改革，贯彻落实《国家职业教育改革实施方案》《关于实施中国特色高水平高职学校和专业建设计划的意见》《关于职业院校专业人才培养方案制订与实施工作的指导意见》《职业院校教材管理办法》等国家一系列职业教育改革文件精神，由学校、企业、行业共同开发，以培养学生汽车车身外板件修复技术能力和职业素养为目标,打破传统的知识体系构架,通过典型案例导入,配合现场视频、图片展示,激发学生的学习兴趣;采用任务引领的活动学习线索,设计符合职业岗位工作特点的任务,将知识技能渗透其中。依据职业标准和岗位需求确定知识技能要点,学生在任务活动实施中理解知识,掌握职业技能,获得解决工作岗位技术问题的能力,继而将知识与技能更好地应用于工作实践中。通过"教、学、做一体化"的方式实现学习者职业能力和素质的培养。

(二)内容组织

以岗位需求为导向,典型工作任务为载体,满足钣金岗位典型工作任务所需的知识、能力和素质培养需要,结合学习者认知规律和身心健康发展需要,与行业企业技术专家、现代学徒制职教专家共同讨论,组织教学内容。以项目化教学为主要教学形式,教学内容由翼子板修复、车门修复和保险杠修复等典型工作任务组成。

五、课程教学目标

(一)知识目标

熟悉汽车外板件修复的范畴及其重要性;掌握车身外板件修复工作安全防护、设备和工具选用、损伤评估、维修工艺、修复技术、操作步骤和方法、质量评价;掌握钣金岗位工作中的操作规范和要求。

(二)能力目标

具备对车身外板件维修工作中设备、工具熟练操作和使用的能力;具备规范的安全防护、修复方法和贯彻执行7S现场管理的能力。

(三)素质目标

具有职业健康和职业安全意识,能够自觉遵守作业过程中的个人安全防护要求和工作现场的作业规程,确保生产安全;具有节约和环保的岗位责任意识,能够在作业过程中注重提高维修质量与效率;具有耐心细致、吃苦耐劳、爱岗敬业的工作态度,热爱专业;具有自主学习、沟通协调、团结合作以及贯彻执行7S现场管理等良好的职业道德和职业素养。

六、参考学时与学分

64学时,4学分。

七、课程结构

学习任务	教学目标	教学内容	主要教学方法、手段	教学环境	课时
项目一 任务1 锤和顶铁的选用	1. 素质目标:培养严谨细致、认真负责的工作态度和爱岗敬业、精益求精的工匠精神; 2. 知识目标:熟悉并掌握锤和顶铁的性能特点、选用要求和使用方法;	1. 各种类型锤的结构、用途和使用方法 2. 各种类型顶铁的结构、用途和使用方法	讲授,多媒体展示; 实操训练; 学生点评; 指导评价; 提问与解答	实训中心	2

附 录 课程标准

(续表)

学习任务	教学目标	教学内容	主要教学方法、手段	教学环境	课时
	3. 技能目标：能根据车身板件形状、材质和损伤状况选用合适的锤和顶铁；能够正确握锤，配合使用顶铁，通过敲击，完成简单的板件损伤修复				
任务2 钣金辅助工具的选用	1. 素质目标：培养严谨细致、认真负责的工作态度和爱岗敬业、精益求精的工匠精神； 2. 知识目标：熟悉并掌握各类撬具、线凿和修平刀等钣金辅助工具的性能特点、选用要求和使用方法； 3. 技能目标：能根据板件形状和损伤范围选择适当的检验工具；能正确使用检验工具检查板件损伤情况和修复质量	1. 撬顶工具的结构、用途和使用； 2. 线凿的结构、用途和使用； 3. 修平刀及其他各种钣金辅助工具的结构、用途和使用	讲授，多媒体展示； 图片、视频展示； 实操训练； 指导评价； 提问与解答； 能力拓展	实训中心	2
任务3 使用板件检验工具	1. 素质目标：培养质量意识和严谨细致、精益求精的工作态度； 2. 知识目标：熟悉并掌握各类板件检验工具的性能特点和使用方法； 3. 技能目标：能使用撬顶工具修复板件微小凹陷损伤；能使用线凿修复板件筋线损伤；能使用修平刀配合钣金锤，修复板件折痕凸脊和板件划伤	1. 仿形尺的结构、用途和使用； 2. 样规的结构、用途和使用； 3. 钢板尺和车身锉的结构、用途和使用	讲授，多媒体展示； 案例分析； 实操训练； 指导评价； 提问与解答； 能力拓展	实训中心	2

(续表)

学习任务	教学目标	教学内容	主要教学方法、手段	教学环境	课时
任务4 制作样规	1. 素质目标：培养质量意识和严谨细致、精益求精的工作习惯； 2. 知识目标：熟悉并掌握制作样规的步骤和方法； 3. 技能目标：能根据板件形状和损伤范围制作对应数量的样规；能够熟练使用样规检查板件修复质量	1. 样规的制作要求； 2. 样规的制作步骤和方法； 3. 样规制作的质量控制	讲授，多媒体展示； 案例分析； 实操训练； 指导评价； 提问与解答； 能力拓展	实训中心	4
任务5 修复翼子板凹陷	1. 素质目标：培养安全意识、质量意识、效率意识和严谨细致、认真负责的工作态度； 2. 知识目标：熟悉并掌握制作翼子板凹陷修复的步骤和方法； 3. 技能目标：能分析评估翼子板凹陷损伤状况，确定修复方法，独立完成修复工作的准备；能用手工具修复翼子板凹陷损伤	1. 翼子板损伤评估； 2. 翼子板凹陷修复工作步骤； 3. 翼子板凹陷修复技术方法； 4. 翼子板凹陷修复质量检验	讲授，多媒体展示； 教学案例； 实操训练； 指导评价； 提问与解答； 能力拓展	实训中心	6
任务6 修复翼子板折损	1. 素质目标：培养安全意识、质量意识、效率意识和严谨细致、认真负责的工作态度； 2. 知识目标：熟悉并掌握修复翼子板折损的步骤和方法； 3. 技能目标：能分析评估翼子板凹陷损伤状况，确定修复方法，独立完成修复工作的准备；能用手工具修复翼子板凹陷损伤	1. 翼子板折损修复工作步骤； 2. 翼子板折损修复技术方法； 3. 翼子板折损修复质量检验	讲授，多媒体展示； 实操训练； 指导评价； 提问与解答； 能力拓展	实训中心	6

(续表)

学习任务	教学目标	教学内容	主要教学方法、手段	教学环境	课时
项目二 任务1 使用车身外形修复机	1. 素质目标：培养安全意识、效率意识和严谨细致、认真负责的工作态度； 2. 知识目标：熟悉并掌握车身外形修复机的组成、调试、操作和使用方法； 3. 技能目标：能根据工作需要正确选择模式，熟练操作车身外形修复机	1. 车身外形修复机的组成和工作原理； 2. 车身外形修复机的线路连接和功能模式； 3. 车身外形修复机的使用和调整	讲授，多媒体展示； 教学案例； 实操训练； 指导评价； 提问与解答； 能力拓展	实训中心	2
任务2 熔植介子和滑锤拉拔	1. 素质目标：培养安全意识、效率意识和严谨细致、认真负责的工作态度； 2. 知识目标：熟悉并掌握熔植介子和滑锤拉拔操作步骤和方法； 3. 技能目标：能根据工作需要正确选择模式，熟练熔植介子并操作滑锤完成单点和多点拉拔	1. 滑锤结构组成； 2. 多点拉拔和单点拉拔的操作步骤和方法； 3. 常见问题及解决	讲授，多媒体展示； 实操训练； 指导评价； 提问与解答； 能力拓展	实训中心	2
任务3 铜极头和碳棒缩火	1. 素质目标：培养安全意识、效率意识、质量意识和严谨细致、认真负责的工作态度； 2. 知识目标：熟悉并掌握铜极头和碳棒缩火操作步骤和方法； 3. 技能目标：能熟练完成铜极头缩火及碳棒缩火作业；确保安全规范操作	1. 碳棒缩火操作步骤和方法； 2. 铜极头缩火操作步骤和方法； 3. 质量检查、常见问题和注意事项	讲授，多媒体展示； 实操训练； 指导评价； 提问与解答； 能力拓展	实训中心	4

（续表）

学习任务	教学目标	教学内容	主要教学方法、手段	教学环境	课时
任务4 使用快修系统	1. 素质目标：培养安全意识、效率意识、质量意识和严谨细致、认真负责的工作态度； 2. 知识目标：熟悉并掌握双支点拉架、单支点拉架和快速拉拔支架的操作步骤和方法； 3. 技能目标：能根据损伤状况合理选择使用双支点、单支点或快速拉拔支架；能用双支点拉架修复筋线损伤，用单支点拉架修复轮眉筋线损伤，用快速拉拔支架精致修复板面损伤	1. 双支点拉架结构、功用、操作步骤、方法和质量检查； 2. 单支点拉架结构、功用、操作步骤、方法和质量检查； 3. 快速拉拔支架结构、功用、操作步骤、方法和质量检查	讲授，多媒体展示； 实操训练； 指导评价； 提问与解答； 能力拓展	实训中心	4
任务5 修复车门凹陷	1. 素质目标：培养安全意识、效率意识、质量意识和严谨细致、认真负责的工作态度； 2. 知识目标：熟悉并掌握车门凹陷修复的操作步骤和方法； 3. 技能目标：能正确评估车门凹陷损伤状况，根据损伤状况选择合理的维修工艺；能正确选用设备和工具，并修复车门凹陷损伤	1. 车门损伤评估； 2. 车门凹陷修复工作步骤； 3. 车门凹陷修复技术方法； 4. 车门凹陷修复质量检验	讲授，多媒体展示； 实操训练； 指导评价； 提问与解答； 能力拓展	实训中心	8

(续表)

学习任务	教学目标	教学内容	主要教学方法、手段	教学环境	课时
任务6 修复车门折痕	1. 素质目标：培养安全意识、效率意识、质量意识和严谨细致、认真负责的工作态度； 2. 知识目标：熟悉并掌握车门折痕修复的操作步骤和方法； 3. 技能目标：能正确评估车门折痕损伤状况，根据损伤状况选择合理的维修工艺；能正确选用设备和工具，并修复车门折痕损伤	1. 车门折痕修复工作步骤； 2. 车门折痕修复技术方法； 3. 车门折痕修复质量检验	讲授，多媒体展示； 实操训练； 指导评价； 提问与解答； 能力拓展	实训中心	8
项目三 任务1 辨识车身塑料件	1. 素质目标：培养爱岗敬业、团结协作、严谨细致、认真负责的工作态度； 2. 知识目标：熟悉并掌握车门折痕修复的操作步骤和方法； 3. 技能目标：能正确评估车门折痕损伤状况，根据损伤状况选择合理的维修工艺；能正确选用设备和工具，并修复车门折痕损伤	1. 车身塑料件的类型和性能特点； 2. 车身塑料件的辨识	讲授，多媒体展示； 实操训练； 指导评价； 提问与解答； 能力拓展	实训中心	2
任务2 选用塑料件修复工具	1. 素质目标：培养爱岗敬业、团结协作、严谨细致、认真负责的工作态度； 2. 知识目标：熟悉并掌握塑料件损伤类型和修复工具的选择及使用方法； 3. 技能目标：能正确选用热风枪，并熟练操作塑料修复机	1. 塑料件损伤类型； 2. 热风枪的选择和使用； 3. 塑料修复机的选择和使用	讲授，多媒体展示； 实操训练； 指导评价； 提问与解答； 能力拓展	实训中心	2

(续表)

学习任务		教学目标	教学内容	主要教学方法、手段	教学环境	课时
任务3	整形修复保险杠	1. 素质目标：培养安全意识、效率意识、质量意识和严谨细致、认真负责的工作态度； 2. 知识目标：熟悉并掌握保险杠整形修复的操作步骤和方法； 3. 技能目标：能正确评估保险杠损伤状况，根据损伤状况选择合理的维修工艺；能正确选用设备和工具整形修复保险杠	1. 保险杠损伤评估； 2. 保险杠整形修复的操作步骤和方法	讲授，多媒体展示； 案例导入与分析； 实操训练； 指导评价； 提问与解答； 能力拓展	实训中心	2
任务4	焊接修复保险杠	1. 素质目标：培养安全意识、效率意识、质量意识和严谨细致、认真负责的工作态度； 2. 知识目标：熟悉并掌握保险杠焊接修复的操作步骤和方法； 3. 技能目标：能焊接修复保险杠裂纹与孔洞，并确保安全规范操作	1. 保险杠焊接修复的操作步骤和方法； 2. 保险杠焊接修复操作要点和注意事项	讲授，多媒体展示； 实操训练； 指导评价； 提问与解答； 能力拓展	实训中心	4
任务5	粘接修复保险杠	1. 素质目标：培养安全意识、效率意识、质量意识和严谨细致、认真负责的工作态度； 2. 知识目标：熟悉并掌握保险杠裂纹和孔洞粘接修复的操作步骤和方法； 3. 技能目标：能用塑料修补胶修复保险杠裂纹与孔洞	1. 保险杠粘接修复的操作步骤和方法； 2. 保险杠粘接修复操作要点和注意事项	讲授，多媒体展示； 案例导入与分析； 实操训练； 指导评价； 提问与解答； 能力拓展	实训中心	4

八、资源开发与利用

（一）教材编写与使用

教材编写本着理论知识够用与适用，实践能力训练为核心的原则，紧密对接汽车售后服务企业的职业岗位群（如汽车维修工、钣喷技术主管、钣喷质量检验员、钣喷车间管理员等）职业能力和素质要求，以汽车车身外板件修复工作的典型案例、图片和视频等真实素材为资源，按学习任务归类整理，编写成教材。教材体例突出双元育人培养模式的理念和要求，采用情境导入、任务分析、任务准备、任务实施、任务评价、知识链接、能力拓展、图片及操作视频等形式多样、内容丰富的模块化项目式新型教材，增加教学趣味性，既满足学生的学习需求，又符合教师教学使用要求，同时保证教学课程与岗位工作过程有效对接，满足岗位实用型、技能型人才培养的需要。

（二）数字化资源开发与利用

校企合作共同开发和利用网络教学平台及网络课程资源。课堂教学课件、操作培训视频、考核标准、任务训练、微课等资源利用在线学习平台，由学校和企业发布可在线学习的课程资料，学生采取线上线下相结合的方式，更灵活地完成课程学习任务。教师也可以发布非课程任务的辅导材料（形式包括但不限于视频、PDF、Word文档等），用于学生碎片化学习，拓展知识。利用在线交流互动平台，实现学生和教师之间在线交流。

（三）企业岗位培养资源的开发与利用

通过校企合作、深度融合，把企业生产中的典型案例用于课程教学与任务实施，使教学过程与生产过程紧密对接，既能增加教学的趣味性，营造生动的学习氛围，提高教学效果，又能使教学内容与行业发展要求相适应。

九、教学建议

（1）采用行动导向的教学方法，为确保教学安全，提高教学效果，建议采用分组教学的形式，以实操训练、任务实施激发学生兴趣，使学生在任务活动中掌握相关的知识和技能。

（2）以学生为本，注重"教"与"学"的互动，选用典型案例，设计多种形式的"互动框"由学生填写，体现"教中学、学中做、边学边做、边做边学"。教师需加强示范与指导，注重学生职业素养和规范操作的培养。

（3）注重职业情景的创设，让学生以角色扮演、组建团队、开展小组合作、小组交叉互评等形式，完成岗位典型任务。

十、课程实施条件

1. 师资队伍

本课程是专业主干课程，以教、学、做一体化为主要教学方式，教师的专业能力是关键。因此在师资结构方面，要组建一支与办学规模和课程设置相适应的双师型教师团队，建议师生比例不低于1∶20，具有企业实践经验的专兼职教师占专业教师总数的60%以上。在师资能力方面，要求该课程的专业教师应具有丰富的实践经验。具有将职业典型工作任务转换成课程，组织教学和实施相应考核评价的能力。

2. 场地设备设施

本课程教学场地须具备良好的安全、照明和通风条件，建议分为集中教学区、分组教学区、信息检索区、工具存放区和成果展示区，配备相应的多媒体教学设备等教学资源，合理设置实操工位，以支持资料查阅、教师授课、小组研讨、任务实施、成果展示等教学活动的开展。企业实训基地应具备工作任务实施与技术培训等功能。

实操教学应配置汽车外板件修复相关设备、设施及足量耗材。

十一、教学评价

校企共同制定考核评价方案，教学评价由学生自测、小组互评、教师评价组成，建议采用过程性与终结性评价、理论知识评价与实践技能评价相结合的综合评价体系。过程性与终结性评价均涵盖理论知识评价与技能考核评价。过程性评价应结合学习态度、理论与实训成绩等，注重评价方式的多样性与客观性，着重考核学习者在完成学习任务过程中的学习态度、知识与技能学习情况以及在学习过程中体现出来的工作态度、团队协作精神、交流沟通与解决问题能力等综合素质的养成；终结性评价主要在于考核学习者知识与技能的运用情况，强调学习者的能力提升。

附 录 课程标准

图附录-1 汽车车身外板修复技术课程标准鱼骨图

鱼头： 能够按照车身修复工艺标准修复车身外板件

主骨分区：

车身修复基本技能
1. 了解安全和防护的重要性
2. 熟悉车身外板件修复的基本原则及注意事项
3. 掌握安全防护的内容及要求

设备和工具选用
1. 掌握常用设备规范的安装、调整、维护方法
2. 掌握常用设备、工具的选择和使用
3. 熟悉常用工具类型和性能

修复工艺和流程
1. 掌握翼子板修复基本工艺
2. 掌握车门修复基本工艺
3. 掌握保险杠修复基本工艺
4. 熟悉常见技术问题及解决

维修技术和质量控制
1. 了解各种维修技术的目的、重要性
2. 熟悉车身钢板和塑料件的常用维修技术
3. 掌握维修质量控制的要点及要求

安全防护
1. 能正确选用设备和工具
2. 操作规范、熟练
3. 以熟练的操作、安全高效工作

修复工艺的运用
1. 按标准工艺流程施工，正确进行工序交接
2. 按规范进行维修操作
3. 正确评估损伤，合理选择维修工艺

职业素养
1. 着装符合钣金岗位工作标准
2. 着装规范，体现良好工作习惯
3. 严谨细致，体现良好职业素养

优质服务
1. 正确选择修复技术方法进行维修服务
2. 独立完成维修作业
3. 高质高效完成工作，为顾客提供优质的维修服务

图书在版编目(CIP)数据

汽车车身外板件修复技术/商克森,庄永成,虞金松主编. —上海:复旦大学出版社,
2022.3
ISBN 978-7-309-16051-2

Ⅰ.①汽… Ⅱ.①商…②庄…③虞… Ⅲ.①汽车-车体-车辆修理-职业教育-教材
Ⅳ.①U472.41

中国版本图书馆 CIP 数据核字(2021)第 267928 号

汽车车身外板件修复技术
商克森　庄永成　虞金松　主编
责任编辑/张志军

复旦大学出版社有限公司出版发行
上海市国权路 579 号　邮编:200433
网址:fupnet@fudanpress.com　http://www.fudanpress.com
门市零售:86-21-65102580　　团体订购:86-21-65104505
出版部电话:86-21-65642845
上海四维数字图文有限公司

开本 787×1092　1/16　印张 9.75　字数 237 千
2022 年 3 月第 1 版第 1 次印刷

ISBN 978-7-309-16051-2/U·28
定价:45.00 元

如有印装质量问题,请向复旦大学出版社有限公司出版部调换。
版权所有　侵权必究

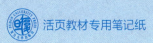